KB209921

유전독물

디아스포라(DIASPORA)는 독자 여러분의 책에 관한 아이디어와 원고 투고를 기다리고 있습니다. 디아스포라는 전파과학사의 임프린트로 종교(기독교), 경제·경영서, 일반 문학 등 다양한 장르의 국내 저자와 해외 번역서를 준비하고 있습니다. 출간을 고민하고 계신 분들은 이메일 chonpa2@hanmail.net로 간단한 개요와 취지, 연락처 등을 적어 보내주세요.

유전독물
자손을 위협하는 환경변이원

–
초판1쇄 발행 1983년 01월 25일
개정1쇄 발행 2025년 02월 18일

–
지 은 이 니시오카 하지메
옮 긴 이 조봉금
발 행 인 손동민
디 자 인 김미영

–
펴낸 곳 전파과학사
출판등록 1956. 7. 23. 제 10-89호
주 소 서울시 서대문구 증가로18, 204호
전 화 02-333-8877(8855)
팩 스 02-334-8092
이 메 일 chonpa2@hanmail.net
공식 블로그 http://blog.naver.com/siencia

ISBN 978-89-7044-693-6 (03470)

• 이 책은 저작권법에 따라 보호받는 저작물이므로 무단전재와 무단복제를 금지하며, 이 책 내용의 전부 또는 일부를 이용하려면 반드시 저작권자와 전파과학사의 서면동의를 받아야 합니다.
• 이 한국어판은 일본국주식회사 고단샤와의 계약에 의하여 전파과학사가 한국어판의 번역출판권을 독점하고 있습니다.
• 파본은 구입처에서 교환해 드립니다.

유전독물

머리말

유전독물.

귀에 익지 않은 단어다. 그것도 그럴 것이 이 용어를 쓰는 것은 아마도 이 책이 처음일 것이기 때문이다. 그러나 두 번째 제목인 환경변이원(環境變異原)이란 용어는 현재 전문가들 사이에서 활발하게 사용되고 있으며, 때때로 신문 등에도 등장한다. 그러므로 만일 당신이 환경의 화학물질에 대해 관심을 가졌다면 아마 기억하고 있을 것이다.

변이원(變異原)이라는 것은 생물에 돌연변이(mutation)를 일으키는 원인물질을 뜻하며 영어로는 mutagen이다. 돌연변이를 일으키는 원인에는 방사능과 같은 물리적인 원인도 있다. 그러나 여기서는 화학적인 원인, 즉 돌연변이를 일으키는 화학적 물질이라는 의미이며, 정확하게는 화학변이원(chemical mutagen)이라고 말해야 할 것이다.

그러므로 환경변이원은 우리들의 주변에 존재하면서 생물에게 돌연변이를 가져다주는 화학물질이며 또한 사람의 유전인자(遺傳因子)에도 작용해서 유전에 악영향을 끼칠 우려가 있는 독물을 일컫는다. 이런 작용이 있는 것을 보고 변이원성(變異原性)을 가졌다거나 유전독성이 있다고 말한다. 이 책의 제목인 유전독물은 이 환경변이원을 가리키며 본문에서도 같은 의미로 사용되고 있다.

개구리 새끼는 개구리이며, 솔개가 매를 낳는 일은 없다. 새끼는 어미를 닮는다……. 우리는 일반적으로 이를 이상하다고는 생각지 않는다. 지구상의 생물계 유전현상은 정연하고 안정적인 질서를 형성하고 있다. 이 현상이 지금보다 조금이라도 불안정하다면 세계는 전혀 다르게 됐을 것이다. 우리가 당연한 일이라 여기며 무조건 신뢰하고 있는 유전에 영향을 주고 이 질서를 흐트러뜨린다는 것은 무엇을 의미할까? 또 그럴 위험이 있는 물질이 정말로 우리 주변에 존재할까?

최근 2, 30년 사이 공업생산이 급속히 확대되면서 우리 생활은 그 전에 비해 크게 개선되었다. 그러나 한편에서는 환경오염이나 건강장애 등 소위 공해 문제가 크게 대두되어 왔다. 우리의 생활과 건강을 지키기 위해서 뒤늦게나마 여러 가지 방법을 쓰기 시작했다. 앞으로도 할 일이 많다. 그런데 그 앞을 가로막고 선 것이 유전독물이라는 존재이다.

그렇지만 화학물질에 유전독성이 있는지 없는지, 인간에 대한 위험도는 어떤지를 판단하는 일은 어렵다. 이 문제에 관하여 전문가들 사이에서는 격렬한 논쟁이 벌어지고 있다. 이렇게 된 배경에는 최근에 눈부신 발전을 이룩한 분자 수준의 유전학이니 생화학(生化學)이니 하는 지식이 있다. 과학의 진보는 지금까지 안이하게 사용해 온 화학물질이 가진 무서운 일면을 지적했다. 이것이 환경변이원이다. 그런 데다가 변이원의 대부분이 발암물질이라는 새로운 사실도 알려졌다. 변이원에 관한 여러 가지 데이터가 수집됨에 따라서 전문가들은 인류의 신변에 위기가 다가왔음을 의식하게 되었다. 더욱이 변이원의 경우 지금까지의 공해 문제와 동일하게 논의될 수 없는 어려움이 있다는 것도 알게 되었다.

바로 얼마 전 신문을 떠들썩하게 했던 AF2(nitrofuran계의 식품 보존제)는 전형적인 변이원이었다. 일본인의 체내에 대량으로 섭취된 이 물질이 자손에 나쁜 영향을 끼칠까 봐 걱정되고 있다. 그런데 주변에서 찾아볼 수 있는 화학물질 중 변이원성을 나타내는 게 AF2만 있는 건 아니다. 조사하면 할수록 그 수가 늘어나고 있다. 바야흐로 인류는 변이원에 에워싸인 상태라고도 말할 수 있다. 이 이상 계속해서 무분별하게 화학물질을 개발하고 사용한다면 되돌릴 수 없는 사태를 맞이할 위험성이 충분히 있다. 이제는 무엇인가 대책을 세우지 않으면 안 될 긴급한 상황이다.

이 책은 유전독물-환경변이원이란 무엇인가에 대해 주로 설명했지만, 전문가가 이와 같은 위기감을 갖게 된 배경, 특히 분자유전학의 진보나 변이원의 연구에 중요한 역할을 하고 있는 생명의 방어기구, DNA 수복(修復)에 관해서도 지면을 할애했다. 또 자화자찬이 되겠지만 우리 연구실(도시샤 대학 공학부 생물화학연구실)에서 발견한 두세 종류의 변이원에 대해서도 소개했고, 나아가 변이원이 갖는 사회적 의미나 우리 소비자들의 대응책에 관해서도 생각해 보았다.

이 책이 환경변이원에 대한 일반시민의 인식에 다소나마 도움이 된다면 다행이겠다. 끝으로 이 책의 집필을 권고하시고 원고의 교열을 보아주신 국립 유전학 연구소장 다지마(田島彌太郎) 선생에게 감사를 드리는 동시에 출판이 되기까지 많은 수고를 하신 고단샤(講談社) 과학도서 출판부의 고에다(小技一夫), 오고세(生越孝) 두 분에게도 뜨거운 감사를 드린다.

니시오카 하지메

차례

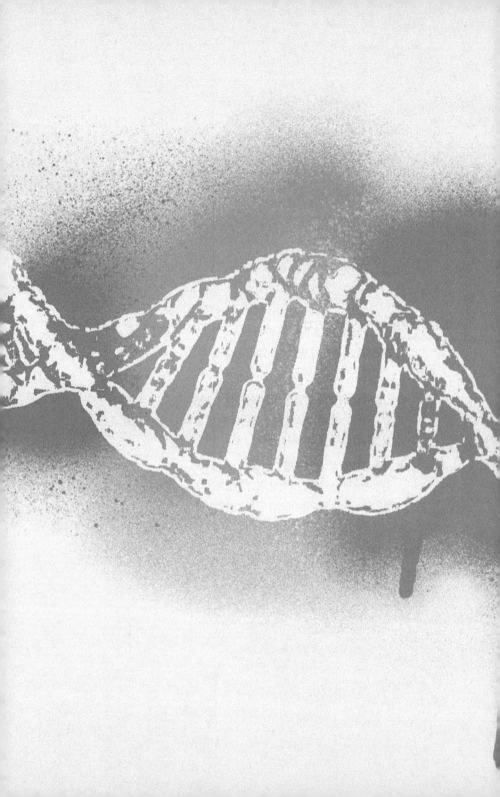

제1장

환경에 변이원이
늘고 있다

1. 공해의 또 하나의 모습

화학시대의 이면

우선 먼저, 최근 30년 동안 우리 생활에 일어난 커다란 변화에 대해서 생각해 보자. 전쟁 직후의 허탈했던 시기, 그것에 이어지는 혼란기…… . 당시의 생활은 말하자면 식량, 의류, 주택을 비롯하여 모든 것이 부족한 최저 상태에 있었다. 그 무렵에 과연 누가 현재와 같은 생활 환경을 누리게 될 줄 예상했을까?

소득배증론(所得倍增論)을 부르짖는 소리와 함께 가정마다 전기제품을 놓는 물결이 밀려왔다. 세탁기나 청소기가 주부의 일을 대폭 줄여주었다. 새로운 섬유가 발명되고 의류는 풍부해져서 해마다 유행이 변했다. 화장품 역시 보다 고급화되어 여성은 아름다워졌다. 마이카 붐에 의해 자가용차가 보급된 사회가 되었고 고속도로가 건설되어 생활 활동 범위가 확대됐다. 플라스틱 시대라고 일컬어지듯이 편리한 가정용품이 연달아 등장했다. 새로운 건축재료를 이용한 주택에는 컬러TV나 에어컨이 갖추어졌다.

농약이나 화학비료가 보급되면서 농업이 합리화되고 식량 사정이 좋아졌다. 식품 보존제나 착색료의 등장으로 여러 가지의 인스턴트식품이나 냉동식품이 식탁에 올라오게 됐다. 어느 가정에서나 합성세제가 판을 치고 대량으로 소비되었다. 의약품이 진보하면서 수명이 길어졌다는 통계가 나왔다. 이런 덕분에 인간이 행복해졌는지 어떻게 됐는지는 접어두고라도 30년 전에는 아무도 예상하지 못했던 물질적으로 풍요로운 환경이다. 우리는 이런 생활을 아무 거리낌 없이 향유하고 있는 것이다.

이것은 구태여 일본만이 아니라 공업 선진국이라고 일컬어지는 나라에서는 공통된 현상이다. 그 배경에는 공업적 생산의 급속한 확대가 있다. 그중에서도 석유를 원료로 해서 인공적으로 화학물질을 합성해 온 화학공업의 발전에 힘입은 바가 크다. 우리는 생활의 모든 면에서 그 혜택을 입고 있다. 그리고 사람들은 이것을 「화학의 시대」라고 불러왔다.

최근의 미국 잡지 『Time』지의 통계에 의하면 인공적으로 합성된 화학물질의 종류가 전 세계적으로 약 200만 종을 넘어섰다고 한다. 여기에 해마다 약 25만 종이 새로이 개발되고 합성되어 그 수를 늘리고 있다고 한다. 이 중 실제로 공업화되어 상품으로 시장에 나와 소비생활에 이용되는 새로운 물질, 즉 당신의 주변에 쏟아지는 화학물질은 해마다 약 500종류에 달한다고 한다. 그중에는 AF2, PCB, 프탈산에스테르(phthalic acid ester), 염화비닐 단량체(vinyl chloride monomer) 등 최근에 신문 지상을 떠들썩하게 한 것도 포함된다.

이와 같이 합성화학물질의 종류와 양이 폭발적으로 늘어나게 되면서 우리의 생활이 확실히 물질적으로 풍요롭고 편리해졌다는 것은 결코 부정하지 않는다. 하지만 그렇다고 해서 이것들이 과연 우리의 행복

그림 1-1 | 번영의 그늘에는 새로운 위험이……

에 있어서 첫째가는 건강에 아무런 문제는 없을까? 그리고 이들 물질의 안전성은 충분히 확인된 것일까?

요 수년 사이 우리는 이들 화학물질의 지나친 생산이 가져오는 값비싼 희생에 대해 깨닫기 시작했다. 전 지구적인 규모로 환경오염이 진행되고 있다는 보고가 세계 각국에서 연달았다. 공기나 물이 오염되었음이 확연하게 보이는 등 심각한 증상이 지구 도처에서 발생했다. 농약에 의해 환경이 파괴되면 자연의 평형을 잃을 수도 있다는 무서움이 지적됐다. 안이하게 식품 첨가물을 사용하는 것에 대해서도 경고가 나왔다.

다음 세대의 행복

최근 「둘도 없는 지구」라는 슬로건 아래에서 세계의 과학자들이 모여서 환경문제를 토론한 일이나, 합성화학물질이 인체에 안전한지에 관한 소비자 운동이 활발하게 일어나고 있는 사실을 알고 있을 것이다.

동물은 시행착오를 하면서 진보한다고 한다. 우리는 지금 결정적인 잘못을 저지르지 않기 위해 '인류의 행복이 어디에 있는가'라는 원점으로 되돌아와서 정치, 산업, 학문, 생활의 모든 면에서 다시 한번 논의하지 않으면 안 될 시점에 이른 것이라고 볼 수 있다.

그러나 지금까지 우리는 공해나 환경문제를 기본적으로 현세대 즉 우리의 편리함을 기준으로 파악하는 방법을 사용해 왔다. 배기가스의 환경기준, 식품 첨가물의 안전기준 농도 등이 ppm 단위로 규제되고 있다는 사실은 모두가 알고 있을 것이다. 그러나 이것들은 전부 현시대를 살고 있는 우리가 위험하지 않을 정도로만 맞춰진 것에 지나지 않는다.

인류의 행복을 말하기 위해서 묵과할 수 없는 중요한 문제가 여기서 빠져 있다. 그것은 공해의 또 하나의 얼굴이며, 사실은 바로 이 책의 주제이다. 그것은 우리 주변의 화학물질이 인간의 유전적인 문제에 영향을 끼치는 것, 즉 우리 자손에게 전달될 생물학적 영향에 관한 일이다.

화학물질의 독성이 인간에게 미치는 영향을 종합해 보면 [표 1-1]과 같다. 화학물질의 독성에 따른 장애는 크게 현세대와 다음 세대에 대한 거로 나눌 수 있다. 현세대에의 장애란 물론 현존하고 있는 우리 자신에게 나타나는 문제다. 의학 특히 약리학이나 독물학 분야에서 비교적 연구

		개체레벨	기관레벨	세포레벨
현대에의 장애		체중 저하, 발열, 신경, 지각, 운동 장애, 혈액·혈관 이상, 과민증, 죽음	피부·점막 상해, 뼈의 변형 및 뼈 물러짐, 장기의 괴사와 기능 장애, 발암	효소합성의 저해, 효소활성의 저해, 단백질의 변질, 세포내막 구조의 파괴
다음 세대에의 장해	태아에의 장애	유산, 사산, 신경 장애아의 출산	위와 같음, 기형아 출산, 불임	위와 같음
	자손에의 장애			염색체 이상, 유전자변이의 유발

표 1-1 | 화학물질이 인간에 미치는 특성

가 잘 진행되어 어떤 약품이 어떠한 독성을 나타내는가가 알려져 있다.

예를 들면 화학물질의 대표 격인 「거북의 육각형 무늬」라는 별명을 가진 벤젠의 경우 신경계를 해치고 피부의 점막을 자극하며 간장이나 신장에 장애를 주고, 빈혈을 일으킨다는 것을 알고 있다. 따라서 위험물로서 우리 주위에서 배제되고 특히 주의해서 다루어지고 있다. 그러나 이것에 영향을 받을 태아나 자손 즉 화학물질로 인한 장애가 다음 세대로 이어지는 것에 관한 연구와 대책은 자기 자신과 직접 관계되지 않는 일이기에 지금까지 언제나 뒤로 미뤄져 왔다.

살그머니 다가오는 변이원

인공적으로 화학물질을 합성하거나 이것을 허가하는 쪽의 논리는 인간에 대한 위험과 이익을 저울질했을 때 이익이 크다는 것을 판단의 근거로 삼고 있다. 이때의 위험이란 현재 살아있는 인간에 대한 급성독성(화학물질에 의해 일시적으로 금방 나타나는 독성), 만성독성(화학물질에 의해 장기간에 걸쳐 조금씩 서서히 나타나는 독성), 때로는 발암성과 같은 신체적 독성을 대상으로 하고 있음은 말할 나위도 없다.

그러나 이 물질이 유전적으로 악영향을 일으킬 가능성이 있다면 어떻게 될까? 인간에 대한 위험과 이익 사이의 저울추는 반대쪽으로 크게

그림 1-2 | 번영의 그늘에는 새로운 위험이……

기울게 되리라. 유전적 악영향을 무시한 이익이란 자손에게 비극이 될 것이며, 거기에서는 인류의 행복을 찾아볼 수 없다. 결국 우리의 자손은 20세기 후반의 인간이 범한 죄를 미워하게 될 것이다. 번영을 탐한 우리는 그 책임에서 벗어날 수 있을까?

아마 당신은 자손을 희생해서까지 현시대의 행복을 바라는 사람은 아닐 것이다. 그러나 반드시 이와 같은 질문을 할 것이 틀림없다. 「설령 그렇더라도 자손에게 유전적으로 어떤 영향이 끼치는지를 간단하게 알 수 없지 않은가, 그 점이 명확하지 못하면 위험과 이익을 저울질할 방법이 없지 않겠는가?」라고.

이런 질문은 지극히 당연하다. 공해물질 중 예를 들면 공장에서 배출되는 아황산가스로 인한 천식이나 수은에 의한 중독 등 비교적 짧은 기간에 인체에 나타나는 것이라면 그 원인과 관계를 관측하는 것은 쉽고 독성에 대한 평가도 비교적 간단하게 될 것이다. 하지만 자손에 미치는 영향에 관해서 조사한다는 것은 그렇게 간단하지 않다. 이미 나와 있는 주변의 화학물질을 보며 후대에서 나타날 반응을 도대체 어떻게 현재에서 체크할 수 있을 것인가 궁금해하는 사람이 있어도 이상하지 않다. 사실 화학물질의 유전적 영향 즉 유전독성을 조사한다는 것은 쉽지 않다. 이것이 지금까지 여러 화학물질의 유전적 작용이 묵과되어 온 이유 중 하나일지도 모른다.

그러나 앞으로 말하듯이 생물의 유전 현상이 분자의 단위로 연구되기 시작하면서 유전에 영향을 미치는 원인물질이나 그것의 작용을 상당히 자세하게 알게 되었다. 이리하여 그 원인물질, 즉 변이원이 의외로 우리에게 가까이 다가왔다는 사실을 깨닫게 되었다. 그리고 전문가들은 이 현실로부터 나아가 장래에 보다 심각한 사태가 일어나리라는 것을 예상하기에 이르렀다.

유전병이 늘고 있다

당신의 다음 질문은 「그렇다면 인간의 유전적 영향이라는 건 어떤 형태로 나타날까?」일 것이리라. 인간의 경우 어떤 영향이 언제쯤부터 나타날 거라든가 정도가 어느 정도일지 예언하거나 어림하기는 매우 어렵다.

지금까지 인류는 그와 같은 것을 생각한 일도 없었고, 물론 경험한 적도 없었다. 그리고 손에 가지고 있는 재료는 아직껏 명확한 대답을 내기에는 충분하지 못하다. 그러나 최근 약 2, 30년 동안에 성장과 증식 등 생명현상의 비밀을 해명해 온 분자 수준의 유전학이 바야흐로 우리의 강력한 무기가 되었다.

제2장에서 말하는 바와 같이 유전적인 기구는 세균에서부터 인간까지 모든 생물종이 같다는 것을 분자유전학은 증명해 보였다. 따라서 미생물, 곤충, 소동물을 통해 인간에게 미칠 화학물질의 유전적 영향을 추정 가능하다. 미생물이나 곤충에 화학물질을 작용시켜서 나타나는 돌연변이의 빈도로 그 영향도를 알 수가 있다.

돌연변이라 하면 일반적으로 무엇을 상상할까? TV에 등장하는 어린이들 사이에서 인기 있는 괴수들 중에는 방사능이나 공해물질의 영향으로 거대화되었다는 것이 있다. 이것도 일종의 돌연변이는 틀림없으나 유감스럽게도 현재의 유전학의 상식으로는 그와 같은 거대화된 돌연변이는 있을 수 없다.

당신은 유명한 멘델(G. J. Mendel, 1822～1884)의 완두 변이 실험을 배운 적이 있을 것이다. 멘델이 약 110년 전에 밝힌 유전의 법칙은 현대의 분자유전학 세계에서도 살아있다. 모든 생물종은 이 유전법칙에 지배되고 있고 유전정보는 질서정연하게 전달되어 간다. 요컨대 돌연변이의 연구라는 것은 질서 바른 유전 현상 중의「혼란」을 연구하는 것이다.

「돌연변이가 나쁜 것이라고만 정해져 있는 건 아닐 것이다. 돌연변이에 의해서 보다 우수한 능력을 가진 생물이 태어날 가능성도 있다」라고 당신은 말할지도 모른다. 확실히 농작물에 인공적으로 방사선을 쪼여서 다수의 변이종을 만들어 내고 그중에서 우수한 종류를 분리하는 방식은 실제로 곡물이나 과일 등에서 성공하고 있다.

그러나 이처럼 형편이 좋은 변이종을 얻는 것은 인공적으로 조절된 특수한 경우이다. 지금 우리가 문제로 삼고 있는 유전독물이 인간에게 끼치는 영향이라고 말하는 것은 우선 거의 전부가 나쁜 변이, 즉 무엇인가 유전적 결함을 갖는 개체가 나타난다는 것을 의미한다.

그러면 인간의 경우 나쁜 변이 즉 유전적 결함은 어떻게 나타날까? 그리고 자손에게 어떠한 영향을 줄 것인가? 이와 같은 어려운 문제에 굳이 대답해 보기로 하자.

극단적으로 큰 변이, 예를 들면 인간으로서 기능을 발휘할 수 없는 큰 결함이나 변화를 수반하는 개체가 발생할 가능성은 적다. 왜냐하면 뭔가 결함 있는 유전자를 가진 정자(精子)나 난자(卵子)는 생존능력이나 수정능력이 꽤 낮아서 수억 개나 되는 정상적인 정자나 안정된 난자를 물리치고 수정되는 일이 거의 있을 수 없기 때문이다. 결함 유전자는 우선 이 단계에서 도태된다.

만일, 혹은 1억 분의 1의 확률로 수정된다 해도 비교적 빠른 기간에 자연유산의 형태를 취하게 되어 이 세상에 나타나는 일은 없을 것이다. 여기에서도 생체는 2중, 3중으로 위험을 방지하고 있다. 최근에는 자연유산이 많다고들 말하고 있다. 이것이 과연 환경의 변이원에 의한 것인지에 대한 여부는 아직 결정적인 증거가 없으나 의심해도 될 만한 문제이다.

문제는 작은 변이의 경우이다. 이 작은 변이는 나중에 설명할 염색체 이상(70페이지) 등을 거쳐서 여러 종류의 유전병의 원인이 되는 인자로 되어 간다. 어느 집단이든 이와 같은 변이가 늘어나면 그 속에 잠재적인 유전병 인자가 늘어나게 된다. 유전병의 잠재적 인자는 열성(劣性) 유전자일 때가 많다.

즉 어떤 사람이 어떠한 원인으로 유전자에 변이를 받아서 유전병을 일으키는 유전자를 설령 가졌다고 하더라도 꼭 발병하는 것은 아니고 표면상으로는 건강한 사람과 같다. 그러나 만일 이 사람이 결혼했는데 배우자가 같은 종류의 열성 유전자를 가졌다면 두 사람 사이에서 자식이 태어났을 경우 그 자식에게 유전병이 나타난다. 「열성」 유전자는 하

그림 1-3 | 열성 유전자가 둘 모이면

나만 있을 때는 형태나 성격이 표면에 나타나지 않으나 둘이 모이면 갑자기 출현한다. 더군다나 그 유전자는 다시 그 자손에게 승계되어 어느세대에서는 감추어진 형태로, 어느 세대에서는 표면에 나타나는 형태로 점차 부채꼴 모양으로 늘어나게 된다.

예를 들면 페닐케톤뇨증(phenylketonuira)이라는 유전병이 있다. 이

병에 걸리면 필수아미노산의 하나인 페닐알라닌(phenylalanine)을 소화하지 못해 혈액 속에 이 아미노산이 쌓이면서 뇌 신경계가 「페닐알라닌의 절임처럼 되어」 지적장애인이 된다. 이와 같이 영양분을 소화할 수 없는 질환을 대사이상증(代謝異常症)이라고 한다. 즉 유전적으로 영양분을 대사할 때 필요한 효소로 만들지 못한다.

대사이상증은 현재 알려진 것만 50종 이상이 되고 2023년 현재 70여 종이 발견되었다.

모두 열성유전을 한다.

페닐케톤뇨증은 15,000명에 약 한 사람의 비율로 나타나지만 이 열성 유전자를 가진 사람은 무려 60명 중 하나의 비율이라고 한다. 이 사람들은 외관은 물론 정상이다. 이 유전자를 가진 일견 정상적인 남녀로부터 태어나는 자식에게는 상당히 높은 확률로 페닐케톤뇨증이 나타난다. 그 외의 유전병의 잠재인자를 가진 사람과 환자와의 관계를 [표 1-2] (a)에 보였다.

변이원에 의해서 이러한 유전병이 늘어나는지의 여부는 현재 확실하지 않다. 그러나 변이원이 유전자에 작용한다는 것은 의심할 여지가 없기 때문에 미지의 유전병을 포함해서 모든 유전병과 관계되는 열성유전자가 늘어날 가능성은 부정할 수가 없다.

이 밖에 유전병에는 어떤 것이 있을까? 지금까지 알려진 유전병만도 200종류 이상이나 된다. 주된 것을 [표 1-2] (b)에 들어 보았다.

표 1-2

병명	보인자의 빈도	환자의 빈도
선천성 농아	54명 중 1명	8,400명 중 1명
페닐케톤뇨증	60 ″ 1 ″	15,000 ″ 1 ″
색소성건피증	75 ″ 1 ″	19,000 ″ 1 ″
소구병	80 ″ 1 ″	20,000 ″ 1 ″
전신백색증	100 ″ 1 ″	21,000 ″ 1 ″
선천성 전색맹	135 ″ 1 ″	35,000 ″ 1 ″
소두증	140 ″ 1 ″	38,000 ″ 1 ″
7종의 병의 합계	12 ″ 1 ″	2,600 ″ 1 ″

(a) 유전병의 잠재자와 환자

소두증, 흑내장성치매

페닐케톤뇨증(Phenylketonuria)

알캅톤뇨증(alcaptonuria)

선천성포르피린(porphyrin)뇨증

갈락토스혈증(galactosemia)

무카탈라아제증(acatalasia)

백색증(albinism)

선천성 비늘증(ichthyosis congenital)

색소성 건피증, 농아

망막색소변성(열성형)

선천성 백내장(열성형), 소구씨병

프리드라이히 운동실조증

진행성 근육위축병(요체형)

경련성 척추마비, 선천성 근육이완증

로렌스–문–비들증후군(Laurence-Moon-Biedl syndrome)

괴인증(열성형)

전색맹(total color blindness)

혈우병(hemophilia)

척수성 근위축증(aran-duchenne 형)

요붕증, 무감마글로불린형증(無 γ-globulinmia)

(b) 주요한 유전병

유전병 중에서 외적인자에 영향을 받아 생기기 쉬운 것은 지능저하(知能低下)라고 알려져 있다. 변이원이 어떤 특정 민족에게 작용하여 그 유전자군에 영향을 미쳐서 유전병이 증가한다. 그래서 민족 전체의 지능 수준이 저하한다. 상상만 해도 두렵지만 현실적으로 있을 수 있는 일이다.

유전병의 치료

유전병은 고칠 수 없는 것일까?

앞에서 말한 페닐케톤뇨증의 경우는 생후 1개월 이내에 발견해서 전문의사의 지도하에 페닐알라닌이 적은 인공 영양젖으로 키우면 지적 장애를 막을 수 있다고 한다.

한편에서는 장래에 유전병을 원인에서부터 치료하는 게 가능하리라는 기대가 나오고 있다. 인공 유전자를 만들어 이것을 이상 유전자와 바꾸어 넣는 것으로 유전자 수술(유전자공학이라고도 한다)이라 불린다. 그러나 인간이 자기 자신의 유전자를 조절할 수 있게 될 때는 동시에 인간이 생물로서의 존재성을 상실하게 되는 때이기도 하다.

유전병이 아니더라도 여러 가지 질병에 대해 유전이 관계한다는 것은 의심할 수 없는 사실이다. 유전은 인간의 질병에 대해서 어느 정도로 영향을 미치고 있을까?

[표 1-3]은 1965년 7월 1일부터 1969년 6월 30일까지의 4년 동안의 미국 존스홉킨스대학 부속병원 소아과를 찾아온 외래환자의 병을

유전에 의해서 영향을 받을 수 있는 것		유전에 관계 없는 것	
알레르기	194	설사와 탈수증	372
자가면역증	73	감염증	2,201
선천성 심장이상	970	조숙증	680
백내장과 녹내장	30	신장질환	495
중추신경계 장애	22	외상과 중독	462
간질	299	기타	772
본태성 고혈압증	22	**계**	**4,982**
혈액질환	52	**어느 쪽인지 알 수 없는 것**	
기형	526	심장질환	75
대사이상	529	헤르니아(hernia)	123
지적장애	98	종양	264
류머티스	126	신생아 질환	184
		사팔눈	32
		사시	84
계	**2,941**	**계**	**762**

표 1-3 | 유전이 영향을 주는 병이 차지하고 있는 비율

유전에 영향받은 것과 그렇지 않은 것, 어느 쪽인지도 알 수 없는 것으로 나누어 조사한 것이다. 이 표에서 알 수 있듯이 유전에 의해서 어떤 영향을 받는 것으로 보이는 질병은 대단히 많아서 무려 전체의 1/3을 차지하고 있다.

예를 들면 류머티즘열(熱)은 유전병 그 자체는 아니지만 이 병에 걸리기 쉬운 체질은 유전된다고 하며, 이 표에서도 그와 같이 다루어지고 있다. 또 이 표에서 종양(이 중에서 악성을 암이라고 한다)은 어느 쪽인지도

모를 병으로 분류되고 있으나 나중에 말하듯 암에 걸리기 쉬운 체질은 유전된다고 최근에 이야기되고 있다.

세계 각지에서 수집되는 데이터에 의하면 이와 같은 병의 비율이 계속 증가하고 있다. 그 원인이 무엇일까? 변이원의 증가와 묘하게도 합치되는 것은 우연한 일치일까?

유전병은 현재 의학으로서는 치료할 수 없기에 유전병의 발생은 그 가족에게 있어서 결정적인 비극이 된다. 동시에 유전병 증가에 의한 사회적, 경제적 부담이 전 인구에게 씌워지면서 민족 존속의 문제로까지 나아가며 마침내는 인류 전체의 위기가 될 것이다.

이제 당신도 사태가 심상치 않다는 것을 깨닫게 되었을 것이다. 우리 주변의 유전독물에는 어떤 것이 있을까? 또 국가와 과학자들은 이러한 변이원에 어떻게 대항하고 있는 것일까?

2. AF2의 교훈

AF2 탄생의 배경

1973년의 1년간 신문들은 매일같이 AF2에 관한 뉴스를 보도했다. 일본에서 환경변이원을 사회적으로 인식하게 된 계기가 된 것은 식품 첨가물로 사용되던 니트로푸란(Nitrofuran) 계통의 식품 보존제인 이 AF2 때문이었다.

AF2 문제란 도대체 무엇인가? 그리고 우리들에게 무엇을 가르쳐 주었을까?

AF2가 탄생한 배경에는 시대적 요청이라고 할 여러 가지 복잡한 사회적 요소가 있었다. 일본 사람은 예로부터 생선의 연제품(반죽한 제품)을 좋아하는 습성을 가지고 있었다. 이것이 어묵이다. 어묵은 일본 요리의 중요한 요릿감이었고 귀중한 동물성 단백질원이었다. 하지만 이것들은 부패하기 쉬운 상품이었으므로 판매하는 데 어려움이 많았다. 오로지 어물전에서만 판매되고 생선처럼 신선도가 요구되었다. 어묵 제조업자들은 비교적 영세한 기업이어서 적은 자본으로 유지되고 있었다.

한편 생선 통조림 등을 만들어 온 대기업인 수산회사나 식품회사에서 어육제품의 햄이나 소시지를 만드는 데 성공했다. 그러나 제품의 신선도를 장기간 유지가 어려워 연제품의 대량 생산과 대량 판매라는 유익한 장사에 손을 쓰지 못하고 있었다. 그 때문에 유효하면서도 안전한 식품 보존제의 탄생을 기다리게 되었다.

마침, 이 무렵에 전부터 식품 보존제 개발에 힘을 쏟아왔던 우에노(上野) 제약회사에서 새로운 살균 효과를 가진 니트로푸란계 화합물 합성에 성공했다. AF2의 탄생이다. 이 물질의 살균 효과는 뛰어나서 식중독을 일으키는 보툴리누스균(식중독을 일으키는 세균으로 증상은 강한 운동신경마비로 대부분은 사망에 이른다)에 특히 잘 들었다. 또 안전하며 독성이 적은 획기적인 식품 보존제로서 식품업계에서 크게 환영받았다.

오사카(大阪)대학 의학부 병리학 교실 등에서 행한 급성, 만성, 독성

시험에 통과하여 일본 후생성(厚生省)의 인가를 받자, 우에노 제약회사에서는 이것을 상품화했고 AF2는 식품업계에 대량으로 판매되었다.

때마침 경제적으로는 유통혁명이 진행되면서 곳곳에서 슈퍼마켓이 건설되어 대량 구입, 대량 판매의 루트를 타고 많은 양의 AF2가 든 햄과 소시지가 나돌게 되었다. 당신은 가게에 수두룩하게 쌓인 어육햄, 소시지 무더기를 기억하고 있을 것이다. AF2가 든 제품은 냉장고에 보관하지 않고 몇 달씩이나 가게에 놓아두어도 부패하지 않았다. 기존의 햄이나 소시지에 비하여 훨씬 값이 싸기 때문에 손쉬운 단백질원으로서 주부들은 망설이지 않고 이것을 장바구니에 담아 갔다.

AF2는 금방 어묵 등에도 사용되었고 점차 대량으로 생산되게 되었다. 영세업자는 차츰차츰 도태되고 살아남은 몇몇 큰 업체가 장기간 보전이 가능한 연제품을 전국의 판매망을 통해 판매하기 시작했다.

두부는 맛도 있는 데다 식물성 단백질원으로서 특히 일본 사람들에게는 중요시되어 왔다.

1968년이 되자 테플론이라는 상품명의 AF2의 빨간 분말이 각 지방의 두부 제조업자들 사이에 사용되기 시작했다. 두부는 아침 일찍 사들여 가게 내부나 물의 위생 상태에 신경을 쓰면서 그날 중에 모조리 팔아 치워야 하는 귀찮은 상품이었다. 그러나 AF2는 두부를 며칠간이라도 보존시켰다. 두부 장수들이 테플론을 복단지라고 생각한 것도 무리는 아니었다.

AF2는 통조림이나 병조림 등의 식품에까지 사용 범위가 넓어졌다.

더군다나 묘하게도 일본만 이 방부제를 사용했다. 외국에서는 니트로 푸란 계통의 화합물은 어떤 것이든지 모두 발암 등의 위험성이 있다 해서 식품에 대한 사용을 금지하고 있었다. 그러므로 AF2는 확실하게 일본인만 다량으로 섭취하고 있었다. 이 상태는 9년간이나 계속되었다. 그동안 일본 사람의 체내에 들어간 이 물질의 양은 약 15t이라고 어림되고 있다.

유전학자의 충격

도카이도선(東海道線) 미시마(三鳥)역에서 동쪽으로 버스로 약 20분쯤 가면 야다(谷田)라는 작은 언덕에 다다른다. 종점은 「유전 연구소 앞」인데 여기에는 국립 유전학 연구소가 있다. 1973년 9월 21일 낮이었다. 제2회 일본 환경변이원 연구회를 위해 일본 전국에서 모여든 약 100명의 유전학자와 생물화학자, 미생물학자들은 점심으로 준비된 도시락에 젓가락질을 하고 있었다.

이상하게도 연구회 회원들은 모두가 파랗게 질린 얼굴로 말없이 도시락 속에서 햄이니 어묵을 따로 골라내고, 마치 부정한 물건에나 닿듯이 그것들을 도시락 한구석으로 밀어 넣었다.

이날 아침부터 있었던 연구 발표에서는 연달아 식품 첨가물 AF2의 유전독성이 보고되었다. 더욱이 이 물질이 유전학자가 과거에 열거해 온 몇 가지 변이원 중에서도 가장 강력한 것 중에 하나라고 판정되었기 때문이었다.

오후의 강연에서는 오사카대학 의학부의 미야지(宮地微) 교수가 AF2의 안전성을 가리키는 데이터를 발표하면서 연구자들로부터 맹렬한 비판이 집중되는 바람에 연구회는 한동안 소란해졌다.

이 연구회에서 AF2의 유전독성이 확인되기까지의 경과를 살펴보기로 하자.

1971년 12월, 염색체 이상 연구에서는 일본 제일의 권위자인 도쿄치과대학의 소토무라(外村晶) 교수가 일상 쓰고 있는 식품에 첨가되어 있던 AF2를 우연하게도 사람의 염색체에 작용시켰다가 강한 이상이 나타나는 것을 발견했다. AF2가 대량으로 시장에 나돌고 있는 것을 알고 있는 교수는 실험 결과가 틀렸기를 빌면서 실험을 반복했다. 그러나 결과는 마찬가지였다.

중요한 사태임을 깨닫고 놀란 그는 일본 환경변이원 연구회 회장인 다지마(田島彌太郎) 박사에게 보고했다. 다지마 박사는 곧 조사단을 편성하여 여러모로 AF2의 유전독성을 검토하기로 했다. AF2의 작용은 세균, 효모, 초파리 등으로 테스트 되었다. 모든 테스트 결과는 AF2가 지극히 강한 변이원성임을 뚜렷이 가리키고 있었다. 그리고 이 결과가 앞에서 말한 연구 발표회에서 보고 되었던 것이다.

높아지는 소비자 운동

이들의 발표는 이튿날 아침 각 신문에 보도되어 커다란 파문을 던졌다. 그리고 변이원이라는 귀에 익숙지 않은 용어가 신문에 등장하게 되었다.

유전학이라는 것은 본래 속세를 등진 학자가 사회와 동떨어진 조용한 연구실 안에서 식물이나 동물을 상대로 반 취미 삼아 연구하는 학문이라는 게 일반적인 통념이었다.

꽤 오래전의 이야기가 되겠는데 일본 영화에 『밤의 강』(夜の河)이라는 작품이 있었다. 거기에 등장하는 남자 주인공이 초파리를 이용하는 유전학자였다. 사회에서 동떨어진 대학 연구실에서 초파리 유전에 몰두하는 교수를 성깔이 센 아가씨가 사랑한다는 것이 줄거리였다. 하여튼 유전학은 화려하지 않은 과학 분야라고 말할 수 있다.

그런데 이 문제가 일어나자 우리처럼 유전학을 연구하고 있는 사람이 갑자기 사회의 최전선으로 끌려 나오게 되었다. 우리는 그렇게 하지 않으면 안 된다는 순수한 의무감과 위기감에 몰리고 있었다.

각처의 소비자 단체에서도 AF2의 연구회를 열었다. 우리는 여러 곳으로부터 강연을 의뢰받고, 열심인 주부들에게 변이원이라는 것이 무엇인가를 설명하며 돌아다녔다. 그래도 후생성은 AF2의 금지라는 결단까지는 내리지 못했다. 유전독성만으로는 금지할 이유가 되지 못했다. 변이원이나 유전독성 따위의 단어는 관계 법률서를 아무리 거꾸로 뒤집어 보아도 눈에 띄지 않았다.

1974년 8월에 가서야 국립 위생시험소에서 AF2의 발암성이 증명되었다. 이것을 받아들인 뒤에야 후생성은 가까스로 그것을 사용 금지토록 결단을 내렸다.

AF2의 유전독성이 확인되고 나서부터 금지되기까지 약 2년이 걸렸다. 금지되기 전에 재고를 팔아 치우려고 판매를 서둘기도 하여 그사이에 대량의 AF2가 계속 소비되었다고 한다. 이리하여 일본 사람의 몸으로 확실히 흡수된 AF2는 아마 일본 민족의 유전자군에 계속 작용했을 것임이 틀림없다.

AF2가 발암물질이며 변이원이라는 것이 확실해짐에 따라서 암 학자는 앞으로 십수 년 동안 소화기 계통의 암이 늘어날 것이라고 추정했다. 또 유전학자는 자손들 사이에서 유전병이 증가할 것을 우려했다.

일본 민족의 안전과 유전적 특질의 보호를 위해 AF2에 의한 신체적 또는 유전적 피해를 추정하는 일은 매우 중요하다. 하지만 피해가 정확히 어떤지에 대해선 현재로서는 아직 잘 알 수가 없다.

이미 AF2로 오염된 우리 몸은 지금에 와서 어떻게 할 수 없다. 여기서 문제는 생활 속의 변이원이 결코 AF2만이 아니라는 점이다. 그러니 적어도 이 사건에서 얻은 교훈을 앞으로 살려가도록 해야 할 것이다.

그 하나는 미생물 따위로서 변이원이라는 것을 확인된 화학물질로 취급하는 것이다. 이것에는 그 물질의 사회적 필요도에 따라서 여러 단계의 대응을 생각할 수 있다. 만일 사회적 필요도가 낮다면 다소의 불편을 참고서 그것을 환경에서 제거해야 할 것이다. 필요도가 높다면 우선 적당한 대용품을 찾아야 한다.

그러나 대용품이 발견되지 않을 경우에는 발암 실험이나 다음 단계의 유전독성에 대한 시험으로 안전이 확인될 때까지 일시적으로 사용을 중지하는 등 신속한 행정 조치가 필요하다. 조치로 인해 위험한 화학물질에 불필요하게 영향을 받는 기간이 단축되면 유전자가 받는 영향이 경감될 것이다.

3. 변이원은 발암물질인가?

양자의 겹침

「인류 최후의 난치병」, 「죽음에 이르는 병」 따위로 일컬어지며 암은 여전히 우리에게 맹렬한 위세를 떨치고 있다. 암 연구에 대항하는 전 세계 과학자들의 필사적인 노력에도 불구하고 암에 의한 사망자는 증가 일로에 있다.

일본에서는 사망 원인의 25% 즉, 네 사람 중 한 사람이 암으로 죽는다. 더욱이 최근에는 소아암이라고 하는 듣기에도 괴로운 암이 증가하고 있다고 하면서 암은 인간을 점점 공포의 도가니로 몰아넣고 있다.

단체검진 등에 의한 조기 발견, 외과 수술, 방사선 치료, 면역 요법의 진보, 제암제(制癌劑)의 개발에 따라서 암 환자의 연명을 꽤 하는 일은 어느 정도 성공을 거두고 있다. 그러나 유감스럽게도 확실한 치료법이나 예방법은 아직껏 없다는 것이 현실이다.

옛날에도 암이 있었다는 기록이 남아 있다. 발생 빈도를 암 진단 기술도 없었던 시대와 비교하기는 어렵지만 오늘날같이 높지 않았다. 사

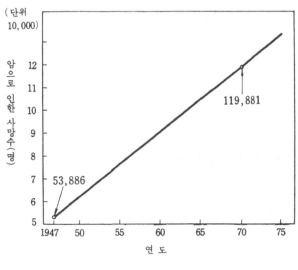

(단위
10,000)

암으로 인한 사망수(명)

12
11
10
9
8
7
6
5

119,881

53,886

1947 50   55   60   65   70   75

연 도

그림 1-4 | 암의 증가 경향

실 통계는 암에 의한 사망자 수가 최근 2, 30년 동안에 직선적으로 증
가하고 있다는 것을 분명히 보여 주고 있다.

암 박멸을 기원하며 세계 각국으로부터 암 연구에 투자된 연구비는
막대하다. 베트남전쟁에서 지칠 대로 지쳤던 인플레이션이나 실업 문
제를 걸머지고 있는 미국에서는 달로켓 등의 우주개발에 드는 비용을
대폭 삭감해 버렸다. 그러나 존슨, 닉슨, 포드 각 대통령은 암 연구비는
오히려 증액했었다.

그럼에도 불구하고 아직 암의 원인이나 메커니즘 등 모르는 것이 많
다. 암의 원인으로서는 예로부터 자극설(刺戟說)이라는 것이 있었다. 소
화기관이나 피부 등 늘 물리적으로 또는 화학적으로 자극을 받고 있는

곳에 암이 발생하기 쉽다는 것이다. 그러나 꼭 그렇지만도 않은 경우도 많으므로 지금은 별로 지지받지 못한다.

쥐 등의 동물에서는 바이러스가 암을 일으킨다는 것이 증명되었다. 그러나 인간의 경우에는 그것에 관한 결정적인 증거를 아직 얻지 못했다. 그러나 여기에서 한 가지 확실한 것이 있다. 「암을 일으키는 화합물질이 존재한다」라는 사실이다.

약 200년 전에 영국의 포트(Percivall Pott)는 굴뚝 청소부에게 음낭암, 피부암이 많이 발생하는 것을 지적하면서 아마도 석탄의 그을음이나 타르(tar) 중에 발암물질이 있을 것이라고 예상했었다.

1915년 일본의 야마기와(山極勝三郎)와 이찌가와(市川厚一)가 콜타르(coal tar)를 토끼 귀에 발라서 세계에서 처음으로 인공피부암을 만든 이래 발암물질에 대한 연구는 세계 곳곳에서 추진되었고, 지금까지 약 1,000종의 발암물질이 밝혀졌다.

1957년, 일본의 국립암센터 소장이었던 나카하라(中原和郎)는 강력한 발암물질인 4NQO(4-nitroquinoline-N-Oxide)를 발견했다. 4NQO는 항암제를 개발하던 과정에서 발견된 것이었다. 이와 같이 일본의 암연구는 세계에서도 높은 수준으로 꼽히고 있다.

한편, 변이원의 연구는 1944년에 영국 에딘버러대학의 아우어바흐(F. Auerbach)가 화학물질로 초파리에 돌연변이를 일으킨 것이 시작이다. 이때 사용된 약품은 당시 전쟁에서 흔히 사용되던 이페리트〔yperite: 머스터드 가스(mustard gas)라고 불리는 독가스〕라는 것이었다. 이것을 계기로 화학물질에 의한 돌연변이 연구가 활발해졌고 수많은 변이원이 발견되었다.

이렇게 하여 발암물질과 변이원 연구는 최초의 단계에서는 각각 관계없이 시작되어 전개되어 갔다. 사실, 1940년대에 발견된 발암물질과 변이원 사이에는 공통적인 것이 거의 없었다.

그러나 연구가 진행됨에 따라서 발암성과 유전독성 양쪽을 나타내는 약품이 차츰 늘어났다. 그리고 현재는 놀랍게도 발암물질과 변이원 사이에 90% 이상의 매우 강한 상관관계가 있다는 것이 확인되고 있다. 앞에서 말한 AF2의 경우도 그것의 전형적인 예이다.

이 사실은 연구상 두 가지 중요한 이점을 우리에게 가져다주었다. 하나는 다음 제2장에서 말하는 것과 같이 변이원에 대한 연구는 미생물이나 곤충 등을 사용하여 철저하게 이루어졌으며, 일부의 것에 대해

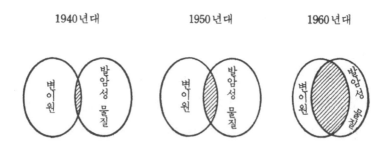

그림 1-5 | 발암물질과 변이원은 공통되는 것이 많다.

서는 이미 분자 수준에서의 해명이 이루어졌다는 점이다.

변이를 일으키는 물질은 직접 또는 간접적으로 유전자인 DNA 분자에 작용해서 그것에 상처를 주는 것을 발단으로 여러 과정을 거쳐서 돌연변이를 이끌어 온다. 따라서 발암의 계기도 아마 DNA의 상처에서 시작되는 것이 아닐까 하고 추정할 수 있다.

사실, 발암은 체세포의 돌연변이라고 하는 설이 1928년 독일의 바이어(J. Baeyer)에 의해서 제출되었다. 이와 같은 관점은 이 설을 입증하는 것이다. 그러니 분자 수준에서 해명되고 있는 돌연변이의 렌즈를 통해서 발암을 관찰함으로써 그 메커니즘이 드러날 것으로 기대된다.

또 하나의 연구상의 이점은 변이원=발암물질이라면 화학물질의 발암성을 체크하기 위해서는 유전독성을 조사하면 될 것이라는 점이다. 현재, 생활 속에서 발암성이 의심되는 화학물질이 몇 가지 있다. 예를 들면 사카린, 적색 2호, 경구 피임제 필 등이 그것이다. 그래서 각국에서 발암성 시험이 진행되고 있다.

발암성을 증명하기 위한 시험에는 많은 동물을 이용되며 인력과 시간 역시 소요된다. 물론, 발암성을 규명해 내기 위해 소모된 비용을 아까워하는 것은 아니다. 그러나 그만큼 시험해 본 결과 설령 발암성이 부정되었더라도 의심은 계속 남는다. 왜냐하면 인간을 대상으로 시험한 것이 아니기 때문이다. 게다가 환경 속 화학물질의 수는 수없이 많으므로 아무리 돈을 쏟아 넣더라도 충분하다고 할 수는 없다.

여기서 미생물이나 곤충을 이용해 유전독성을 테스트하면 비용도 보다 적게 들고 일손도 줄어들며 결과도 하루이틀이면 알 수 있다. 따라서 우선 첫째로 미생물 등의 계통으로 주변 환경 중의 화학물질을 「걸러낸다」라는 것은 효율적이고 좋은 방법이다. 비록 이 경우도 인간을 대상으로 한 실험은 아니지만, 이와 같은 방식으로 될 수 있는 대로 빨리 주위에 있는 발암물질을 발견해서 제거한다면, 그것은 암에 대한 우리의 공포를 없애는 지름길이 될 것이다.

암 환자 당사자의 피 어린 투병과 치료에 전념하는 의사들의 노력도 중요하다. 그러나 그 전에 일상적인 환경 속에 발암물질이 없도록 하는 것이 선결일 것이다. 하나의 발암물질을 발견해서 환경으로부터 제거해 버리는 것은 수만 명의 생명을 구하는 것이 되기도 한다.

기형아도 만든다

탈리도마이드(thalidomide)사건은 사회적으로 커다란 충격을 주었다. 장애를 가진 아이들은 벌써 성인이 되려 하고 있다. 그러나 겨우 1975년이 되어서야 제약회사와 화해가 성립되어 피해자에 대한 보상이 시행되었다. 탈리도마이드의 제조 판매를 허가한 정부에도 커다란 책임이 있다.

우리는 화학물질군의 여러 가지 은혜를 입어 생활하고 있다. 탈리도마이드는 그러한 화학물질들의 정점 중 하나였다. 과연 우리는 이 사건에서 관계가 없다고 모르는 체하고 있을 수 있을까? 우리는 사회적 연대를 통해 장애아들이 조금이라도 행복한 인생을 보낼 수 있도록 모든 노력을 할 의무가 있다고 생각한다.

　사실은 이 사건은 또 하나의 커다란 충격을 불러일으켰다. 그것은 우리 과학자들이 지금까지 약품이 태아에게 어떻게 작용하는지, 즉 심장, 손, 발, 입술, 등에 갖가지 기형을 일으키는 최기형(催奇形)물질에 관한 지식이 얼마나 부족했었는가 하는 것이었다.

　변이원=발암물질의 공식은 이미 말한 것과 같이 거의 틀림이 없다. 그러나 변이원=최기형물질인지 아닌지는 아직 확실치 않다. 대부분이 이 공식에 들어맞는 것은 사실이지만 동시에 수많은 게 들어맞지 않는다는 것도 사실이다. [표 1-4]에는 잘 알려진 최기형물질을 예로 들었다.

살리실산류	아스피린
알칼로이드류	카페인, 니코틴, 콜히친
신경안정제, 수면제	메프로바메이트, 클로르프로마진, 탈리도마이드
항히스타민제	메클리진, 사이클리진
항생물질류	클로람페니콜, 스트렙토마이신, 페니실린
호르몬류	디에틸스틸베스트롤, 코티손, 테스토스테론
알킬화제	부슬폰, 시크로포스파미드
항말라리아제	클로로퀸, 퀴나크린
마취제	우레탄, 펜토바르비탈
대사저항제	퓨린, 피리미딘의 유사물질
용제	벤젠, 디메틸설폭시드, 프로필렌그리콜
금속류	As, Cd, Bi, Hg, Li, In, Pd, Te

표 1-4 | 잘 알려진 최기형물질

세 악당들의 길

우리 주변에 존재하는 화학물질로 인한 해로움 중에는 지금까지 잘 알려진 생리적 독성(급성, 만성독성) 이외에도 변이원성, 발암성, 최기형성이라는 세 악당이 있다는 것을 말해 왔다. 이것들은 특수독성이라고 불리는데 이 세 가지 악의 메커니즘은 모두 다 상당히 어려워 최종적으로는 분자 수준 더 나아가서는 전자 수준에서 해명될 것이다.

변이원의 경우 분자유전학의 진보에 따라서 상당한 정도까지 해명되어 왔다. 이 분야에서의 연구는 바야흐로 폭발적인 발전을 하는 중이며 시시각각으로 새로운 정보가 나오고 있다. 발암물질, 최기형물질은 변이원과 비교하면 더욱 불분명한 점이 많다. 이들 세 악당들이 인체 내로 침입하는 경로와 이것들로 인한 해(害)가 발생하기까지의 전 과정을 도식화(그림 1-6)하고 이것을 대단위 조사의 실마리로 삼기로 하자.

일상적인 환경에 존재하는 무수한 화학물질 중에 변이원, 발암물질, 최기형물질이 숨겨져 있다는 것은 확실하다. 이들은 대부분 여러 곳에서 인간의 생활과 관계되어 있다. 즉 식품 첨가물, 화장품, 의약품, 잔류 농약, 환경오염, 공업화학제품 등에 뒤섞여 있다.

이들은 대기, 물, 식품, 의약품으로서 입을 통해서 인체 내로 들어간다. 또 화장품처럼 피부를 통해서 흡수되는 것도 있다. 이렇게 해서 인체에 들어간 세 악당들은 우선 혈액 등의 체액의 흐름에 몸을 맡겨 비교적 단시간 내에 전신으로 퍼진다.

체내를 순환하면서 이들은 체내의 곳곳에 존재하는 효소들과 접촉

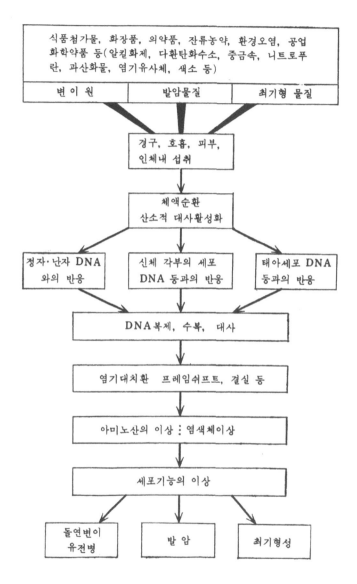

┌───┐
│ 식품첨가물, 화장품, 의약품, 잔류농약, 환경오염, 공업 │
│ 화학약품 등(알킬화제, 다환탄화수소, 중금속, 니트로푸 │
│ 란, 과산화물, 염기유사체, 색소 등) │
├──────────────┬──────────────┬──────────────┤
│ 변 이 원 │ 발암물질 │ 최기형 물질 │
└──────────────┴──────────────┴──────────────┘

┌─────────────────┐
│ 경구, 호흡, 피부, │
│ 인체내 섭취 │
└─────────────────┘

┌─────────────────┐
│ 체액순환 │
│ 산소적 대사활성화 │
└─────────────────┘

┌──────────────┐ ┌──────────────┐ ┌──────────────┐
│ 정자·난자 DNA │ │ 신체 각부의 세포 │ │ 태아세포 DNA │
│ 와의 반응 │ │ DNA 등과의 반응 │ │ 등과의 반응 │
└──────────────┘ └──────────────┘ └──────────────┘

┌─────────────────────────────┐
│ DNA복제, 수복, 대사 │
└─────────────────────────────┘

┌─────────────────────────────┐
│ 염기대치환 프레임쉬프트, 결실 등 │
└─────────────────────────────┘

┌─────────────────────────────┐
│ 아미노산의 이상 : 염색체이상 │
└─────────────────────────────┘

┌─────────────────────────────┐
│ 세포기능의 이상 │
└─────────────────────────────┘

┌──────────┐ ┌──────────┐ ┌──────────┐
│ 돌연변이 │ │ 발 암 │ │ 최기형성 │
│ 유전병 │ │ │ │ │
└──────────┘ └──────────┘ └──────────┘

그림 1-6 | 세 악당이 인체로 들어가는 길

하여 여러 가지 반응을 일으킨다. 대부분의 유독 화학물질은 인간이 가지고 있는 효소의 작용으로 분해되어 독성을 잃지만, 그중에는 반대로 독성이 늘어나는 것도 있다. 이리하여 변신한 화학물질은 드디어 마음에 드는 장소에 정착하여 악당으로서의 본질을 발휘하게 된다.

사람의 정자나 난자의 유전자를 좋아하는 장소로 선택하고 거기에 상처를 주는 것이 변이원이다. 나중에 말하는 것처럼 유전자에도 어느 정도의 수리 능력은 갖추어져 있으나 그 능력 이상으로 상처받으면 유전자는 「결함」이 되고 이상단백질이 합성되어 세포 기능에 변화가 생겨서 돌연변이가 발생한다. 이것을 [그림 1-6]의 왼쪽 경로에서 보이고 있다.

중앙의 경로에서 보인 것처럼 그들이 좋아하는 장소가 피부나 위, 허파 등의 각 기관 세포의 유전자일 경우에는 발암에 도달할 위험이 있다.

또 오른쪽 과정에 보인 것처럼 임부 특히 임신 초기에 이것들이 섭취되면 미분화(未分化)된 태아 세포에 들어가서 기형아를 탄생시킬 가능성이 있다. 특히 태아 세포는 화학물질에 민감하므로 임신한 여성은 주의할 필요가 있다. 이 경우 최종 목적지가 반드시 유전자가 아닌 경우도 있는 듯하다.

총 점검을 할 때

인류는 약 100만 년의 역사를 지니고 있으나 거의 전 기간에 걸쳐서 돌이나 나무를 이용하고 나무 열매와 물고기를 먹으며 살아왔다. 인간이 자연에 존재하지 않는 인공물질을 만들어 내고 그것들과 접하게 된 건 사실 아직 100년쯤밖에 되지 않았다. 전 인류의 긴 역사로 볼 때 아직 최근의 일이다.

즉 인류는 미지의 생물 작용(生物作用)을 가진 화학물질이라는 바다에 갑자기 내던져진 것이다. 인간은 환경에 서서히 적응하면서 진화하거나 저항력을 길러 왔다. 그러나 이와 같이 갑자기, 더욱이 많은 종류의 대량 화학물질의 바다에서 견뎌 나간다는 것은 인간 역시 생물이며 유전자에 의해서 지배되고 있는 이상 이론적으로 불가능하다. 이것은 인류의 절멸을 의미하는 것이 아닐까?

민족의 장래나 자손에게 관계되는 이 큰 문제에 대해서 세계 각국은 진지하게 움직이기 시작했다. 특히 미국, 캐나다, 영국 등은 주변 환경속 유전독물을 총점검하기 위해 학자들을 총동원했다.

그러면 변이원은 유전자에 어떻게 작용하는 것일까? 작용을 받은 유전자는 어떻게 될까? 환경으로부터 변이원을 찾아내려면 어떻게 하면 될까? 우리 주변의 어떤 곳에 변이원이 존재할까? 그리고 우리는 이것들에 대해 어떻게 대처해야 할까?

이들에 관해서는 제2장 이하에서 자세히 설명하겠다. 그 전에 우선 이들 변이원에 도전하기 위한 우리의 최대 무기인 분자유전학의 진보와 그 역할에 관해서 소개하기로 한다.

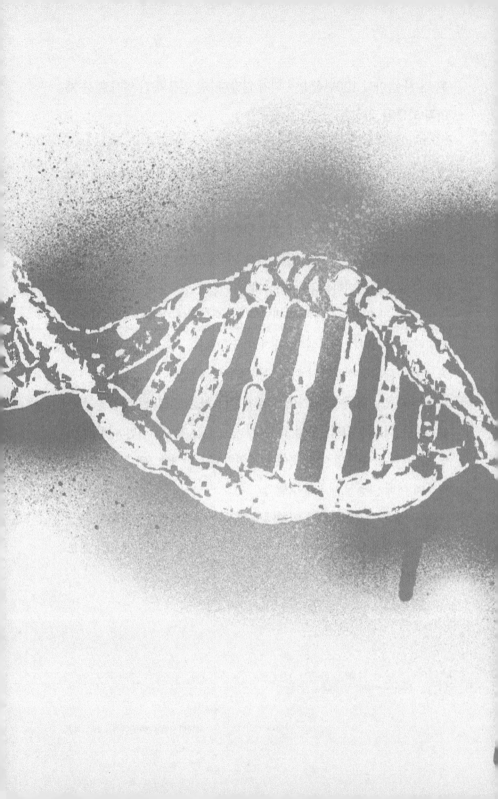

제2장

변이원에 도전하는
분자유전학

1. 유전의 구조

생명과 유전

평소에는 「생명」에 대해서 깊이 생각한 적이 없는 사람도 자기 자식이 생기면 특별한 감회에 젖게 되는 것이다. 힘찬 울음소리를 듣고 어딘지 모르게 자기를 닮은 아기를 안았을 때는 생명의 신비로움에 감동할 것이다. 또 어버이나 절친한 사람의 죽음을 접할 때도 역시 생명의 불가사의함을 생각하게 된다. 도대체 「살아있다」라고 하는 것은 어떠한 것일까?

그것은 발생, 분화, 유전, 진화, 성장, 노화(老化) 등 모든 생명현상의 종합적인 표현이라고 말할 수 있다. 유럽에서는 중세의 오랜 기간 생명현상이라고 일컬어지는 것은 신의 섭리라고 여겨져 과학적으로 탐구하거나 말한다는 것은 종교적인 금기였다. 동양에서도 이 물음에 대한 해답을 찾다 지쳐서 결국은 동양 특유의 철학에 당도하게 되었다고 말할 수도 있다.

생명현상을 종교나 철학에서 벗어나 과학의 눈으로 보려고 한 최초의 사람이 나타난 것은 19세기 중엽이었다. 링컨이 암살을 당하고 일본이 오랜 쇄국 정치의 잠에서 겨우 깨어나기 시작했을 무렵이었다. 오스트리아의 한 시골 수도원 뜰에서 그레고리 멘델은 성질이 다른 완두콩을 교배시킴으로써 잡종이 생기는 이치에 흥미를 가지고 차분하게 실험을 하고 있었다. 8년간에 걸친 주의 깊은 관찰 결과로 얻어진 결론은 우리가 교과서에서 익히 들은 멘델의 유전법칙으로 정리되었다.

멘델의 유전법칙은 유전이 「단위」로서 이루어진다는 것을 가리키고 있으며 유전자라는 개념을 이끌어낸 중요한 발견이었다.

유전이 유전자라고 하는 「단위」로서 행해진다는 사실은 유전현상만이 아닌 생명현상 전체에 영향을 주는 중요한 개념으로의 도달이었다. 그러나 당시의 자연과학은 미약했기 때문에 생명현상에의 실질적인 추궁은 20세기 중반까지 기다려야만 했다.

생명현상을 과학적으로 탐구하는 데는 생물학뿐만 아니고 20세기 중엽까지 착실히 진보해 온 물리학이나 화학의 지원이 필요했다. 양자역학(量子力學)이라는 새로운 분야를 개척한 이론물리학자 슈뢰딩거(E. Schrödinger)가 1944년에 출판한 『생명이란 무엇인가? 물리학에서 본 살아있는 세포』라는 작은 책은 대담무쌍한 것이었다.

「생명은 일종의 시계 장치라고 볼 수 있으며 생명의 불가사의함은 지금 우리가 갖고 있는 물리학의 지식으로서 설명된다」라고 소리 높이 주장했다. 이 획기적인 책은 당시의 젊은 물리학자나 화학자들에게 충격을 주기에 충분했고 그들을 생명현상에 대한 연구로 달려가게 하는 계기가 되었다.

실험물리학자 델브뤽(M. Delbrück)의 『물리학자가 본 생물학』(1947년)이라는 책도 잊을 수 없다. 「비록 작은 미생물의 세포라도 유기물이 최대한으로 각 부분에서 생산되고 이용되며 생명현상이 유지되고 있다. 이렇게 수십억 년 동안에 누적된 생명현상의 모든 것을 간단하게는 해명할 수 없을 것이다. 그러나 이것을 푸는 열쇠가 하나 있다. 그것은 각 세대에서 얻어진 형질(形質)이 어김없이 자손에게 전달되는 유전 기구를 밝히는 일일 것이다」라는 이 예언은 훌륭하게도 들어맞았다.

생물의 설계도

유전이 유전자에 의해 관장되고 그 기능 단위로서 행해지고 있다는 것은 의심할 여지가 없어졌다. 그러나 구체적으로 유전자란 무엇이냐고 말하게 되면 아직도 잘 알 수 없다.

이보다 앞서 1928년에 영국의 세균학자 그리피스(F. Griffith)는 기묘한 현상을 알아냈다. 병원성(病原性) 폐렴균을 가열하여 죽인 것을 병원성이 없는 살아있는 폐렴균에 섞어서 생쥐에게 주사하면 이상하게도 폐렴을 일으켰던 것이다. 이 현상이 틀림없다면 죽은 폐렴균 속에 병원성을 일으킬 어떤 「인자」가 있으며, 그것이 본래 해가 없는 살아있는 폐렴균에 들어가서 그것을 병원성인 성격으로 바꾸어 버렸다고 생각할 수밖에 없다.

그리피스가 발견한 현상 즉 세균이 어떤 인자를 받아서 성격을 바꾸고 더군다나 그것이 다음 세대로 유전하는 현상은 그 후에 「형질전환」이라고 불리게 되었으나, 그리피스 자신은 형질전환을 일으키는 인자가 무엇인가를 밝히지는 못했다. 그리고 이 현상의 참된 해명은 16년

후인 1944년에 미국의 에이버리(Oswald Avery)에 의하여 달성되었다.

에이버리는 형질전환을 일으키는 인자가 세균 안에 있는 DNA(데옥시리보핵산)라는 물질이라고 예상하고 우선 병원성 세균의 DNA를 끌어냈다. 그리고 이 DNA를 병원성이 없는 세균에 집어넣자 이 세균이 병원성으로 「변신」하고 그 성질이 대대로 전해지는 것을 확인했다.

세포의 핵 속에 있는 산성 물질의 하나인 DNA야말로 형질전환을 일으키는 인자이며 그것이 멘델 이래 이론적으로 말해 온 유전을 관장하는 단위, 바로 유전자라는 것이 여기서 밝혀졌다.(그림 2-1)

이제 DNA가 유전의 담체(擔體)라는 것을 알았다. 그러나 그것이 생명현상 전체 속에서 어떻게 중심적인 역할을 수행하고 있는가를 완전

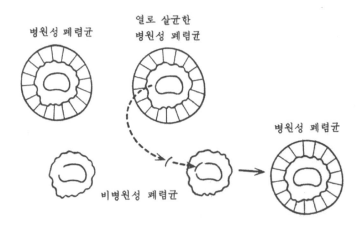

그림 2-1 | 비병원성 폐렴균의 변신

히 설명할 수 있게 된 것은 1953년, 미국의 생물학자 왓슨(J. D. Watson)과 영국의 물리학자 크릭(F. Crick)의 노력에 의해서 DNA의 분자구조가 해명되고 나서부터이다.

왓슨과 크릭은 DNA 분자의 결정 상태를 가리키는 X선 회절 사진을 수백, 수천 장을 찍고 2개월에 걸친 맹렬한 토론을 거듭한 결과 DNA가 이중나선 구조를 하고 있다는 모형에 도달했다. 그들은 이 업적으로 1962년 노벨상을 받았다. 또 최초부터 노벨상을 겨냥하여 이 연구를 진행했다고 밝혀 이들의 치열한 공명심과 독창적인 연구 방법은 하나의 이야깃거리로 전해진다.

왓슨과 크릭에 의해서 발표된 DNA의 분자구조는 이미 어떠한 수정도 할 필요가 없는 완벽한 것이었다. DNA가 생명의 「설계도」 역할을 수행하고 있다는 것과 더불어 이 모형을 바탕으로 하여 유전이나 증식 등의 생명현상의 기구를 분자 수준으로 완전히 설명할 수 있게 되었다.

최근에는 우리나라 고등학교 생물학 교과서 뒤쪽에 그림이 실리게 되었으므로 낯익은 사람도 많을 것이다. 그러므로 전공이 아닌 대학교수보다 일반 고등학교 학생 쪽이 DNA에 관해서는 더 잘 알고 있다는 야릇한 일도 일어나고 있다. 이것도 최근의 분자생물학이 얼마나 폭발적인 진보를 이루었는가를 말해 주고 있다.

DNA의 분자구조라는 말이 지긋지긋하다는 사람도 있겠으나 사실은 의외로 간단하다. 규칙적인 고분자, 더 정확하게는 화학적으로 폴리머(重合體: polymer)라고 불리는 것이다.(그림 2-2, 2-4)

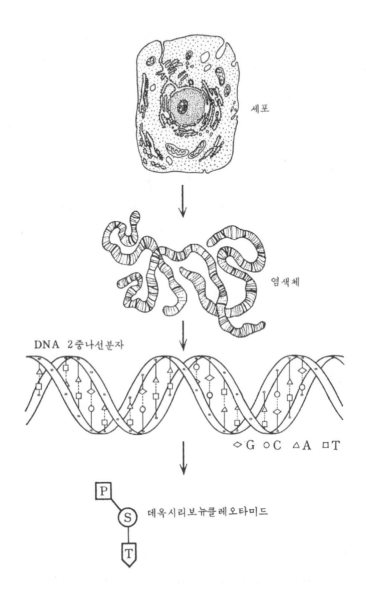

세포

염색체

DNA 2중나선분자

◇G ○C △A □T

데옥시리보뉴클레오타미드

그림 2-2 | 세포를 확대해 가면 DNA의 이중나선 구조로

DNA의 특징을 열거해 보자.

① 이중나선이라는 것은 이 분자의 첫 번째의 특징이며, 2개의 테이프가 서로 얽혀있는 모양을 가리킨다. 세포가 분열하여 2개로 증식할 때 이중나선이 풀리면서 각각 새로운 세포 속 DNA의 한쪽 편 사슬이 된다.

② 각 나선의 골격은 인산(phosphate)과 당(sugar)과 염기(base)로 만들어진 뉴클레오티드(nucleotide)라고 불리는 단위로 이루어져 있다. 때문에 DNA는 길게 이어진 2개의 다중(多中, poly) 뉴클레오티드가 서로 얽혀 있는 것이다.

③ 이중나선 간 사다리의 발판에 해당하는 염기(B)에는 화학적으로는 퓨린(purine)에 속하는 아데닌(adenine; A), 구아닌(guanine; G)과 피리미딘(pyrimidine)에 속하는 티민(thymine; T), 시토신(cytosine; C)의 네 종류가 있고 각각은 DNA의 골격인 당(S)과 결합하고 있다.

④ 2개의 테이프는 대응하는 염기끼리만 결합한다. 이때 결합 상대는 엄격하게 결정되어 있다. 즉 A씨와 T양, G씨와 C양이 커플을 이룬다면, A씨가 C양에게, G씨가 T양에게, G씨가 T양에게 손을 내미는 법은 절대로 없다. 이 「엄격성」은 염기의 상보성(相補性)이라고 불린다. 유전정보가 정확하게 전달되는 기구이다.(그림 2-3)

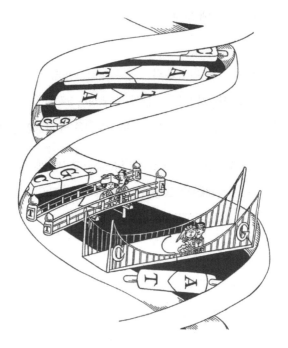

그림 2-3 | 염기결합의 쌍은 정해져 있다.

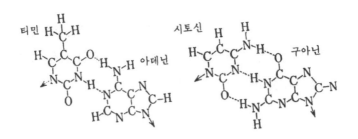

그림 2-4 | 퓨린, 피리미딘 염기의 화학구조와 대응 양식

⑤ 커플이 손을 잡는 방법은 수소결합이라고 일컬어지는 비교적 약한 결합
이지만(그림 2-4) 수가 많기 때문에 보통 2개의 테이프는 튼튼하게 결합
되어 있다. 그러나 필요에 따라서 수소결합은 잘리고 지퍼처럼 쉽게 한쪽
부터 풀리기도 한다.

암호로 전달되는 유전정보

DNA의 이중나선 구조는 DNA가 생명의 기본으로서의 역할을 수행
할 수 있도록 실로 교묘하게 이루어져 있다.

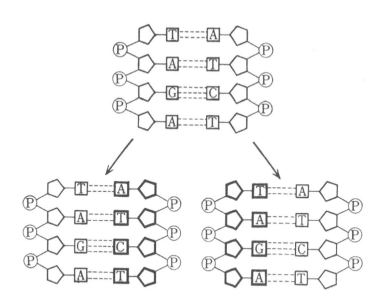

그림 2-5 | DNA 복제에 있어서 염기의 짝의 생성 과정

첫째로 이 모형은 세포가 분열해서 2개로 갈라질 때 어떻게 해서 똑같은 정보를 가진 DNA가 만들어지느냐 -이것을 DNA의 복제(複製)라고 한다- 를 잘 설명해 준다. 세포의 분열 시기가 되면 먼저 DNA의 이중나선이 차츰 풀려서 1개의 사슬이 된다. 이중나선은 보통 고리로 된 링 모양을 하고 있다. 분열 시기에는 그 어떤 점(복제의 개시점)에서부터 이중나선 사이를 연결하는 수소결합이 잘려지고 거기서부터 새로운 새끼 DNA가 만들어진다. 분기점이 한 바퀴 돌아서 개시점까지 돌아오면 링이 2개로 갈라지면서 2개의 완성된 새로운 DNA 분자가 형성된다.(그림2-6)

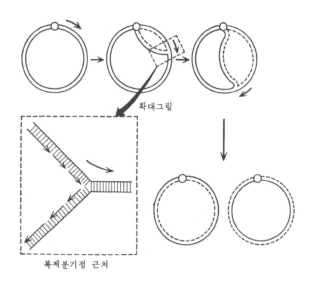

그림 2-6 | 2개의 사슬 DNA의 복제 모형도

새로 생긴 2개의 DNA 분자는 제각기 속에 본래 DNA의 분신인 1개의 사슬을 가지고 있다. 더욱이 이것과 결합하는 새로운 1개의 사슬은 앞에서 말한 염기의 상보성에 의해서 정해져 있기 때문에 완성된 새로운 DNA 분자는 본래의 DNA와 똑같은 구조, 즉 똑같은 유전암호를 가지고 있다.

마치 복사기와 같이 DNA는 유전정보를 정확하게 복제하여 세포에서 세포로 또 어버이에게서 자식으로 조금도 틀림없이 전달해 간다. 개구리 새끼는 개구리라고 하는, 생물계의 질서는 이렇게 해서 유지되어 간다.

모든 생물의 몸은 단백질로 되어 있고 복잡한 생명 활동의 근원이 되는 화학반응도 단백질인 효소의 작용에 의해서 진행되고 있다. 「생명은 단백질의 존재 형식이다」라고 하는 엥겔스(Fridrich Engels)의 말은 이것을 가리키고 있다. 그리고 DNA가 갖는 유전정보가 이 단백질을 만들어 내는 지령 바로 그것이라는 점에서도 「생물의 설계도」라고 불리고 있다.

설계도가 그 자체만으로는 한 장의 종이에 불과하며 완성된 건축물이 아닌 것처럼 DNA도 그것만으로는 생물의 설계도이기는 해도 생물은 아니다. 진짜로 생물이 되기 위해서는 DNA의 설계도가 언제나 정확히 해독되고 그것을 바탕으로 그 생물에 독자적인 단백질이 만들어질 필요가 있다. 만일 설계도대로 단백질이 만들어지지 않는다면 콧등이 햇볕에 타서 벗겨져도 다시 원상대로 피부가 생긴다는 보장이 없어진다.

단백질은 아미노산의 결합으로 이루어져 있다. 따라서 어떤 설계도

그림 2-7 | DNA를 출발점으로 하는 단백질 합성

에 의해서 정해진 단백질을 만드는 것은 유전정보에 들어있는 암호대로 정해진 종류의 아미노산을 질서 있게 결합해 가는 것이 된다. 이 경우 DNA의 유전정보는 먼저의 복제 때와 똑같은 기구로 역시 핵산의 일종인 RNA(리보핵산)에 의해 해독되고(轉寫, 전사), 이 RNA에 전사된 정보의 순서대로 또 하나의 RNA가 목적하는 아미노산을 모으는(번역) 경로를 거친다.(그림 2-7)

이때 3개의 DNA 염기는 1개의 아미노산에 대한 한 종류의 암호로써 대응한다. 염기 CAA라면 글루타민(glutamine), AAA라면 리신(lysin)이라는 방법과 같다. 3개의 염기가 한 조로 조합됨으로써 1개의 정보가 된다는 것에서 이것을 트리플렛(triplet, 三連子)이라고 부른다. 지금까지 20종류의 아미노산에 대응하는 모든 트리플렛 암호가 밝혀졌다.

[표 2-1]은 크릭에 의해서 발표된 유전암호의 결정판이다. 여기에서는 본래의 설계도인 DNA의 암호를 해독해서 중개하는 RNA의 트리플렛으로 적혀 있다. 따라서 DNA의 T(thymine) 대신에 RNA의 U(uracil)가 사용되고 있다.

UUU UUC } 페닐알라닌	UCU UCC UCA UCG } 세린		UAU UAC } 티로신	UGU UGC } 시스테인	
UUA UUG } 류신			UAA UAG } 정지	UGA 정지 UGG 트립토판	
CUU CUC CUA CUG } 류신	CCU CCC CCA CCG } 프롤린		CAU CAC } 히스티딘	CGU CGC CGA CGG } 아르기닌	
			CAA CAG } 글루타민		
AUU AUC AUA } 아이소류신	ACU ACC ACA ACG } 트레오닌		AAU AAC } 아스파라긴	AGU AGC } 세린	
AUG { 개시 메티오닌			AAA AAG } 리신	AGA AGG } 아르기닌	
GUU GUC GUA GUG } 발린	GCU GCC GCA GCG } 알라닌		GAU GAC } 아스파트산	GGU GGC GGA GGG } 글리신	
			GAA GAC } 글루탐산		

표 2-1 | 유전암호

어버이에게서 자식에게로 유전정보가 전해지는 것, 그것을 설계도로 해서 구체적인 생명 활동의 근원인 단백질이 질서 있게 합성되는 일 - DNA는 이처럼 생명의 기본기능을 수행하는 상위 원리에 따라 더욱 교묘하게 자동제어 되어, 피부 세포를 만들 때는 그에 요구되는 정보만이 활동하는 것처럼 필요한 때에 필요한 만큼 활동한다. 지금 분자생물학은 그 메커니즘을 차례로 밝혀 나가고 있다.

2. 유전암호를 교란시킨 것

DNA는 상처를 입기 쉽다

유전자 DNA는 생명의 기본물질이며 아마 생물에 있어서 가장 중요한 분자이다. 때문에 불안정하면 곤란하므로 보통 상태에서는 안정된 물질이어야만 한다. 오랫동안 이어져 온 생물의 진화 중 지구 환경 속에서 안정된 형태인 보통 상태로 DNA와 같은 형태가 선택된 셈이기도 하다.

그런데 이 지구 환경에 지금까지 지구상에는 전혀 없었던 화합 물질이나 물리적인 자극이 인공적으로 가해지게 되면 DNA의 안정성은 보장될 수 없다. 지금까지의 연구에 따르면, 인공적인 자극이 DNA에 가해졌을 경우 DNA의 정보 테이프는 상처를 입고 정확하게 유전정보를 전달할 수 없게 되며, 구체적으로는 돌연변이형의 생물이 나타나게 된다.

돌연변이를 인공적으로 일으키는 것에 성공한 사람은 1929년 미국의 밀러(H. J. Muller) 박사이다. 그는 초파리라는 이미 과거에 유전학의 연구 대상으로써 잘 사용되었던 작은 파리에게 X-선을 조사했다. 그랬더니 그 자손에서 눈동자 색깔이 변한 유전변이형이 두드러지게 늘어나는 것을 발견했다. 이 연구가 발표되고 난 후, 화학물질에 의해서도 돌연변이가 일어나는 것이 아닌가 하는 가설이 대두되면서 많은 과학자가 연구를 시작했다.

1944년이 되자 앞에서 말했듯이 이페리트(yperite) 역시 돌연변이형

초파리를 다수 만들어 낸다는 것이 밝혀졌다. 이것이 화학물질에 의한 최초의 돌연변이 연구였다.

원인이 파악된 후부터 연달아 돌연변이를 일으키는 화학물질이 발견되면서 오늘날에는 그 수가 엄청나졌다. 이러한 화학물질은 다음에 말하는 것처럼 몇 개의 그룹으로 나눌 수 있다.

연도	사 항
1866	멘델의 법칙
1900	멘델의 법칙 재발견
1902	성염색체
1903	돌연변이설(de Vries)
1910	초파리 백색눈 돌연변이체의 발견(Morgan) → 초파리 유전학의 진보 염색체 지도(Bridges)
1916	반성유전(Morgan, Bridges)
1917	염색체 수의 변이
1920	제놈(genome) (H. Winkler)
1927	X선으로 초파리의 돌연변이 유도(Muller)
1928	유전자설(Morgan)
1933	침샘염색체와 유전자의 관계
1944	이페리트로 초파리에 돌연변이 유도(Auerbach)

표 2-2 | 유전학 연표

각 그룹의 화학물질 성질을 바탕으로 판단해서 세포의 어느 부분에 어떻게 작용하는지를 추정할 수 있다. 나아가 이 물질들이 직접 DNA에 작용하거나 혹은 어떤 다른 물질을 경유해서 간접적으로 작용하거나 하여 결국은 DNA의 상처가 될 만한 변화를 준다는 것이 알려졌다. DNA에 상처를 주는 물질, 이것이 변이원인 것이다.

상처가 돌연변이를 만든다

한마디로 상처라고 부르지만 작용하는 화학물질의 종류에 따라서 그 양상은 여러 가지다. [그림 2-8]에는 DNA에 생성되는 여러 가지 상처를 보여주고 있다.

⑴ DNA의 염기 작용에서 염기의 구조를 변화시키는 것

   ⓐ 염기 중 A, G, C에 붙어있는 아미노기($-NH_2$)에 작용해서 이것을 잘라내는 작용(탈아미노라 함)을 하는 화학물질이 있다. 아미노기($-NH_2$)가 이탈되면

      아데닌 → 하이포크산틴(hypoxanthine)
      구아닌 → 크산틴(xanthine)
      시토신 → 우라실(uracil)

   로 변화하고 유전 암호문이 정확히 해독되지 못하는 원인이 된다.

   ⓑ 알킬기(메틸기 $-CH_3$ 나 에틸기 $-C_2H_5$) 등을 염기에 부가한다. 그 결과 역시 염기가 잘못 해독되어 부정확한 정보를 전달하게 된다. 알킬화제

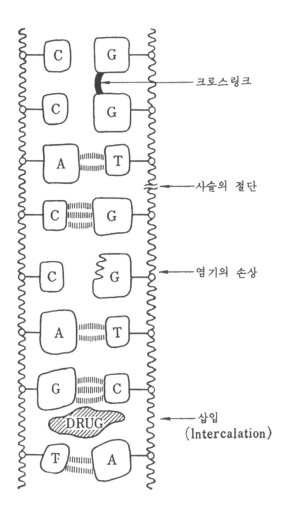

크로스링크

사슬의 절단

염기의 손상

삽입
(Intercalation)

그림 2-8 | 변이원에 의한 DNA의 "상처"의 모델

점선은 수소결합, O는 당, G, A, T, C는 각각 구아닌,
아데닌(이상 퓨린류), 티민, 시토신(이상 피리미딘류) 등의
염기를 나타낸다.

(化劑)라고 불리는 화학물질에는 이러한 작용이 있다.

ⓒ 화학물질이 중개해서 염기와 염기를 결합할 경우, 즉 인접한 염기나 정면 또는 대각 위치의 염기를 단단하게 결합시켜 버릴 경우로 크로스 링크(cross link)라고 말한다.

(2) 올바른 염기 대신에 염기유사체가 뒤바뀌어지는 경우이다. [그림 2-9]에 올바른 염기와 염기유사체를 실었다. 염기유사체는 올바른 염기와 흡사한 얼굴을 하고 있으나 자세히 보면 조금씩 다르다. DNA가 합성될 때 이 염기유사체는 올바른 염기와 바꿔치기를 해서 DNA 염기인 것처럼 시치미를 뗀다. 이 단계에서는 유사체인

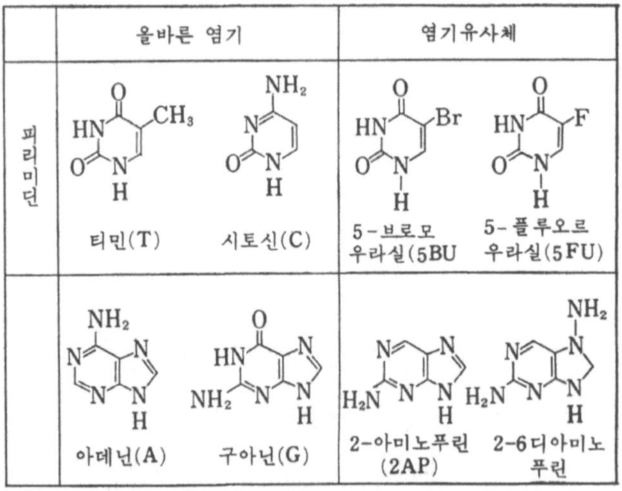

	올바른 염기	염기유사체
피리미딘	티민(T) 시토신(C)	5-브로모우라실(5BU) 5-플루오로우라실(5FU)
	아데닌(A) 구아닌(G)	2-아미노푸린(2AP) 2-6디아미노푸린

그림 2-9 | 올바른 염기와 염기유사체

것이 폭로되지 않는다. 하지만 이다음 단계에서 DNA가 복제될 때
이 염기유사체는 자기에게 정해진 상대를 정확하게 고르지 못한
다. 즉 염기의 상보성이 지켜지지 않는 것이다.

예를 들면 [그림 2-10]과 같이 올바른 염기 T 대신에 염기
유사체 5BU(5-Bromo Uracil)로 바꿔쳤다고 하자. T는 A의 상대
가 되어야 할 터인데도 5BU는 상대를 옳게 고를 수가 없다. 그
래서 잘못해서 G를 선택해 버린다. 이 단 하나의 오류로 돌연변
이가 되어 버린다. 이 과정은 브리즈(H. de Vries)가 박테리오파지
(bacteriophage)라는 박테리아에 기생하는 바이러스(virus)를 이용
하여 증명하였다.

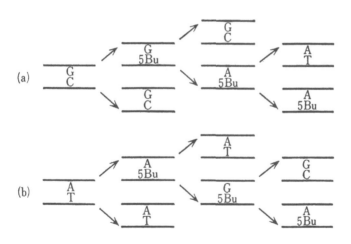

그림 2-10 | 염기유사체 5BU가 DNA에 삽입되면

카페인(caffeine)은 A(아데닌)의 염기유사체로서 걸맞은 외관을 갖추고 있다. 변이원 리스트에 오른 카페인이 커피나 홍차의 성분이라는 것은 주지의 사실이다. 그렇다면 하루에 몇 잔이나 커피나 홍차를 마시는 사람의 유전자는 끊임없이 이 염기유사체에 묻혀 있는 것일까? 이 의문을 밝히기 위해 지금 영국에서는 쥐에게 커피를 매일 마시게 하여 실험 중이다.

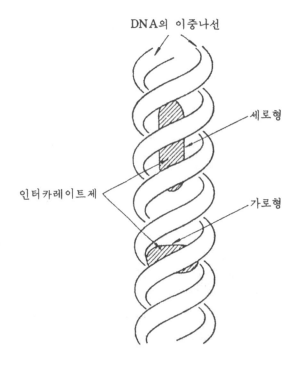

그림 2-11 | 인터칼레이션

(3) DNA의 2개의 사슬 사이나 염기 사이에 화학물질이 꼭 끼어드는 「인터칼레이션」(intercalation) 경우가 있다. 2개의 DNA 테이프는 나선 상태로 서로 얽혀 있는데, 이 테이프의 틈새에 꼭 끼어들기 쉬운 크기나 끼어들기 쉬운 성질을 가진 화학물이 있다. 색소(色素)나 다환(多環)탄화수소라고 불리는 것 대부분에는 이 작용이 있다. 예를 들어 [그림 2-11]에 그 일부를 소개해 뒀다. 삽입법에는 그림과 같이 가로형과 세로형 두 종류가 있다고 한다. 이것들은 라만(C. Laman)에 의하여 1968년 물리화학적으로 증명됐다.

잘못된 정보

DNA의 여러 가지 상처는 돌연변이로 유도되어 가는데 그 유도 방법에는 상처의 종류에 따라서 크게 두 가지로 나눌 수 있다.

(1) 염기의 변화(base change)와

(2) 염기 틀의 밀림(frame shift)이다.

(1)의 염기 변화는 전문적으로는 염기대치환(鹽基對置換)이라고 불린다. 이것은 주로 염기가 화학반응을 받아서 아미노기가 떨어져 나가거나 알킬기가 달라붙거나 염기유사체와 뒤바뀌어 들어가거나 함으로써 한 군데 또는 두 군데가 변화하는 것으로 시작한다. 그러므로 점(點) 돌연변이(point mutation)라고도 한다. 단지 이 한 군데 또는 두 군데의 변화에 의해서 DNA가 복제할 때 DNA 사슬의 상대가 되는 염기가 본래

의 것과는 다른 것으로 되어서 나타난다. 단 한 군데에서의 변화라도 유전암호를 교란시켜 얼토당토않은 아미노산을 끌어다 채운다.

예를 들면 유전암호에서 UUU 트리플렛(三連子)은 페닐알라닌 (phenylalanine)이라는 아미노산을 떠맡는다. 그러나 가령 한 군데에서라도 염기 변화로 UUG가 되었다면 페닐알라닌 대신 류신을 끌어온다. 아미노산 배열에 의해 모든 단백질이 구성되고 있으므로 DNA의 이 작은 변화는 단백질의 성격을 바꾸어 그 상태가 반복되게 된다. 이것이 돌연변이의 발생이다.

아프리카 원주민에게서 자주 보이는 유전병에 겸상적혈구 빈혈증 (sickle cell anemia)이라고 불리는 것이 있다. 이는 환자의 적혈구가 반달형을 하고 있어 붙여진 이름이다. 이 유전병은 [그림 2-12]에서처럼 헤모글로빈을 구성하는 300개나 되는 아미노산 잔기 중 단지 1개만 바뀌었을 뿐이기에 나타난다. β 사슬의 6번째 아미노산이 이상인 것으로 규명됐다. 이처럼 단 1개의 아미노산이 차이 나는 이유는 역시 단 하나의 염기 변화에 바탕을 두고 있다. 그리고 그것이 GAA→GUA의 변화라는 게 밝혀졌다.

정상 β 사슬 : Val-His-Leu-Thr-Pro-Glu-Glu-Lys…

이상 β 사슬 : Val-His-Leu-Thr-Pro-Val-Glu-Lys…

그림 2-12 | 겸상적혈구 빈혈증의 단백질의 아미노산 배열

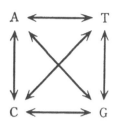

대각선 방향의 변화를 전이(transition)라고 말하고, 수평과 수직 방향의 변화를 전환(transversion)이라고 말한다.

그림 2-13 | 염기 변화

이 염기의 변화는 프리즈(E. Freese)에 의해서 두 종류로 분류되었다. 퓨린(A, G)에서 피리미딘(T, C)으로, 또는 그 역변화를 전환(transversion; A, G T, C)이라고 말하며, 퓨린끼리(A G) 또는 피리미딘끼리(T C)의 변화를 전이(transition)라고 이름 붙였다.(그림 2-13)

또 하나의 DNA의 변화는 「염기 틀의 밀림」(frame shift)이다. 유전암호가 트리플렛에 의해서 하나의 아미노산에 명중하여 정보가 전달된다는 것은 앞에서 말한 바와 같다.

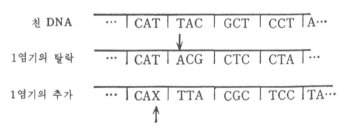

그림 2-14 | 틀의 밀림

그런데 화학물질의 작용에 의하여 염기가 하나 빠져나가거나 또는 역으로 하나가 여분으로 더 삽입됨으로써 정보가 되는 트리플렛(triplet)의 염기 틀의 짝이 하나씩 밀릴 때가 있다.(그림 2-14) 그 때문에 본래의 트리플렛과는 크게 달라진 트리플렛을 만들어 내어 버린다. 이는 얼토당토않은 아미노산의 배열을 유도하고 만다.

DNA의 집합체인 염색체를 현미경으로 관찰하면 각 생물의 세포는 각기 일정한 염색체 수와 형태를 가졌다는 것을 알 수 있다. 변이원은 이러한 염색체의 형태에 변화를 주며 이 변화는 현미경으로 관찰이 가능하다. 이 변화를 변이원에 의해서 염색체에 이상이 생겼다고 말한다. 앞에서 말한 DNA의 변화가 작은 상처라고 한다면 염색체의 이상은 큰 상처라고 말할 수 있다. 이 염색체 이상에 의해서 돌연변이가 일어난다

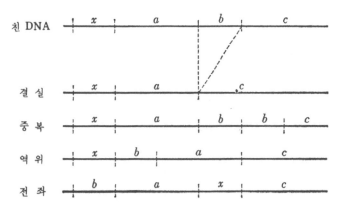

그림 2-15 | 염색체 이상

는 것이 포유동물이나 식물 등에 의해서 확인되고 있다. 이 큰 상처는 형태의 변화에 따라 전좌(轉座), 역위(逆位), 중복(重複), 결실(缺失)이라는 네 가지 형식으로 분류되고 있다.(그림 2-15)

[표 2-3]처럼 변이원의 종류에 따라서 변화의 형태가 달라진다.

	형식		
유전자 변이	염기 대치환	전환	염기유사물질 (5BU, 2AP 등) 하이드록실아민 하이드라진 알킬화제(EMS, MMS, EES, DES 등) 4NQO MNNG 푸릴 프라마이드 아질산(염), 아황산(염)염기유사물질 (5BU, 2AP 등)
		전이	MMS MNNG 아질산(염)
	프레임 쉬프트		아크리딘 색소류(아크리딘 오렌지, 프로플래빈 등) 페난트롤린(에티듐 등) ICR-170(아크리딘 머스터드) 아세틸아미노 플루오렌 파라-아세틸아미노 플루오렌 농약류(캡탄, 딕숀, 니트리드 등) 다환탄화수소(3, 4 벤조피렌, 벤즈안트라센 등)
염색체 이상	결실		MNNG 아질산(염)

표 2-3 | DNA의 변화의 형성과 변이원의 분류

3. 생명을 지키는 구조

자외선과 유전자

맑은 날 아파트촌에서는 베란다에 이불을 말리느라 법석이다. 이것은 습도가 높은 일본의 독특한 풍경이다. 이불에 흡수된 습기를 건조시키고 태양의 자외선으로 곰팡이나 세균의 살균 효과를 기대하는 셈이다.

태양광선이 살균 작용을 가졌다는 것은 예로부터 경험적으로 알려져 있었다. 근대에 와서 이 살균 작용이 태양의 자외선에 의해서라는 것을 알았다. 즉 자외선이 세균에 대해 치사효과(致死效果)를 가진 셈인데 그 메커니즘은 오랫동안 해명되지 못했었다.

자외선이 세균을 죽이는 이 메커니즘에 관해서는 예로부터 논쟁이 있었다. 자외선 조사가 세포막의 합성을 방해한다는 설이 진실인 양 거론된 적도 있었다. DNA를 둘러싼 분자생물학이 발전하면서 이 문제는 철저하게 증명됨으로써 최근 이 논쟁에 종지부가 찍혔다.

이 발견은 유전자 DNA의 역할이나 작용 외에 돌연변이가 나타나기까지의 과정을 아는 데에 있어서 실로 귀중한 열쇠를 우리에게 주었다.

자외선이 세포에 작용하는 메커니즘에 대하여 현재까지 밝혀진 바를 여기에 설명하기로 한다.

먼저 자외선이란 어떤 것인가를 알아야 한다. 빛을 자세히 조사해 보면 [표 2-4]와 같은 파장으로 나눌 수 있다. 지금 여기서 말하는 자외선이란 2.5×10^{-5} ㎝의 파장인 원(遠)자외선을 말한다. 세포에 강한 치사

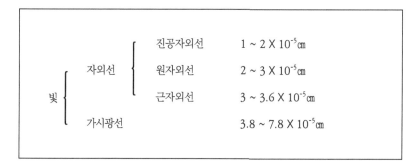

빛	자외선	진공자외선	$1 \sim 2 \times 10^{-5}$ ㎝
		원자외선	$2 \sim 3 \times 10^{-5}$ ㎝
		근자외선	$3 \sim 3.6 \times 10^{-5}$ ㎝
	가시광선		$3.8 \sim 7.8 \times 10^{-5}$ ㎝

표 2-4 | 빛의 종류

작용을 나타내는 이 파장의 자외선은 광자(光子) 에너지를 방출한다. 이 에너지양은 약 5eV(전자볼트)이다. 암세포를 파괴해서 암을 치료할 때 사용되는 코발트(Co) 60의 감마(γ)선은 105~1011eV의 에너지양을 가졌으므로 자외선은 엄청나게 약한 에너지라고 할 수 있다. 이 약한 에너지가 세포의 어느 부분에 흡수될까? 그 흡수되는 장소야말로 자외선의 표적(target)이 된다.

[그림 2-16]은 홀랜더(A. Hollaender)가 $2.2 \sim 3.0 \times 10^{-5}$ ㎝까지의 여러 가지 파장의 원자외선을 대장균에 조사해서 그 살균 효과를 연구한 것이다. 이 그림은 곡선이 높아지면 높아질수록 그 파장에서 세포가 잘 죽는다는 것을 가리키고 있다. 같은 그래프에 점선으로써 표시된 곡선은 이 대장균의 DNA에 각각의 파장의 원자외선 에너지가 얼마만큼이나 흡수되는가를 나타내고 있다. 한눈에 알 수 있듯이 이 두 곡선은 거의 포개져 있는데 이것은 대장균의 죽음이 DNA가 자외선 에너지를 흡

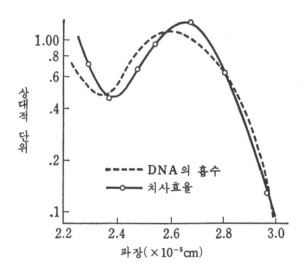

그림 2-16 | 자외선의 DNA 흡수 스펙트럼과 대장균의 치사 작용 스펙트럼

수하는 데에서 기인된다는 유력한 증거이다.

그렇다면 이 광자 에너지는 DNA의 어느 부분에 흡수되는 것일까? DNA는 인산과 당과 염기의 세 가지 성분으로 이루어져 있다. 자외선은 인산에도 당에도 흡수되지 않고 그대로 통과해 버리며 염기 자체도 티민(T)에 거의 모든 에너지를 흡수당한다. 이 관계를 여기서 한번 정리하여 [그림 2-17]에 보였다.

자외선의 생물 작용이라는 것은 그 에너지가 세포 내 핵 속에 존재하는 핵산인 티민 염기에 흡수된 결과 때문이라는 것이 된다.

그렇다면 T에 흡수된 UV(자외선) 에너지는 T 분자를 어떻게 변화시

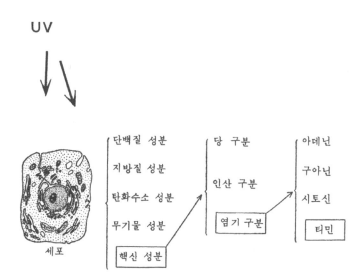

그림 2-17 | 자외선은 세포의 어느 곳에 흡수되는가?

킬까? 1955년에 바렌스(Barenes)와 비유커스(Beukers)는 티민의 수용액을 동결시켜서 여기에 UV를 쬐이면 지금까지 UV를 잘 흡수하던 티민이 더 이상 흡수하지 않게 되는 현상을 발견했다.

그리고 조사된 액 속에서 실로 기묘한 분자가 만들어진 것을 발견했다. 분자를 여지(濾紙) 중에 움직이게 해서 분석하는 페이퍼 크로마토그래피(paper chromatography)라는 방법으로 조사해 보았더니 이것은 2개의 티민이 손을 맞잡고 결합한 것이라는 것을 알았다.

자외선의 작용으로 생긴 이 물질은 「다이머」(dimer; 二合體)라고 불리는 형에 속하기에 티민다이머라고 불리고 있다.(그림 2-18)

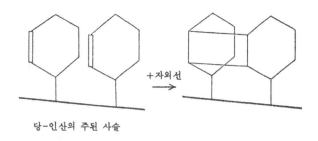

+자외선
당-인산의 주된 사슬

그림 2-18 | 티민다이머(우)의 형성

육각형 모양의 티민 분자가 이중으로 결합된 부분에 자외선 에너지가 집중적으로 흡수되면 이 부분의 전자가 흥분 상태(여기)가 되어 불안정해진다. 여기서 에너지가 높아진 이중 결합 부분을 풀어 이웃끼리 결합하면 전자의 흥분 상태를 진정시켜 안정된다. 더욱이 티민뿐만 아니라 시토신에도 마찬가지로 자외선이 영향을 준다는 것을 알았다. TT다이머 외에 CT, CC 다이머도 된다는 것이다. 그러나 대부분은 TT다이머이다.

자외선이 살아있는 세포에 대한 작용이라는 것은 DNA에 티민다이머를 만드는 데서 알 수 있다. 그런데 DNA는 유전자이며 그 유전정보가 염기의 배열에 있기 때문에, 티민다이머와 같은 것이 DNA의 여기저기에 생기게 되면 그들은 당연히 DNA의 정상적인 복제를 방해하게 된다. 그리고 세포의 증식을 멈추게 해서 세포를 죽이거나 설령 죽이지는 않더라도 유전정보를 교란시킨다.

사실 그때까지 세균 등을 돌연변이형으로 만들어 내는 수단으로 UV를 조사하는 방법이 잘 이용되어 왔다.

태양광선을 필요 이상으로 쪼이면 피부암이 발생한다는 것도 알려져 있다. 이들의 원인이 이 티민다이머라는 것은 틀림없는 사실인데 그것에 관해서는 나중에 설명하겠다.

상처의 수리공

1946년, 뉴욕대학 대학원의 여학생 에블린 위트킨(E. Witkin)은 자외선에 무척 저항성이 강한 대장균을 발견했고 이것에다 B/r 균주라고 이름 붙였다. 자외선에 강한 저항성균이라는 것은 자외선으로는 좀처럼 죽지 않는 균을 일컫는다. 어느 정도로 강한가 하면 보통 대장균의 약 10배의 저항성을 가지고 있다.

다시 말하면 살아남는 것을 10%만 남기는 데 보통 대장균 B 균주는 약 30erg/㎟(15W의 자외선 살균등을 30㎝ 거리에서 1~2초)로 살균하면 충분한 데 반해서 이 자외선 저항성균은 350erg/㎟이나 필요로 한다. 물론 세포막의 두께가 변했다는 식의 다른 변화는 전혀 없다. 자외선 에너지 대부분이 DNA의 티민 분자에 흡수된다고 하므로 세포막의 두께는 관계가 없다.

이렇듯 저항성이 강한 원인은 도대체 무엇일까? 그녀의 흥미는 이 점에 집중됐다. 1958년에 미국 콜롬비아대학의 루이스 힐(L. Hill)이 이번에는 반대로 자외선에 극단적으로 약한 대장균 Bs-1 균주를 발견했

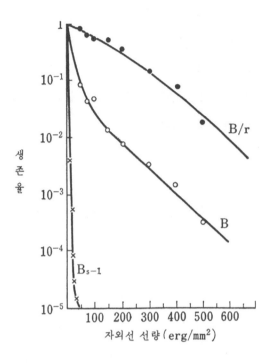

그림 2-19 | 자외선 감수성

다. [그림 2-19]는 세 가지 균이 자외선에 의해서 어떻게 죽어 가는지를 보인다.

이와 같이 흥미는 더욱더 깊어졌다. 여러 가지 실험을 통해 같은 UV량이면 각 균의 DNA에는 같은 수의 티민 다이머가 생긴다는 것도 알아냈다.(1erg/㎟마다 6.7개)

그러면 이 세 균주를 분류하는 원인은 대체 무엇일까?

1964년 미국 오크리지 국립연구소의 로버트 세틀로우(R. B. Setlow)는 마침내 이 문제를 밝혀냈다.

티민에다 미리 방사능으로 표지해 둔 대장균에 UV를 쫴서 DNA에 티민다이머를 생성시켰다. 그리고 균을 배양해서 이들 세균으로부터 티민다이머가 어떻게 되어 가는가를 방사능으로 추적하여 조사했다. Bs-1균주(UV 감수성균)에서는 UV로 인해서 만들어진 티민다이머는 DNA에 언제까지고 머물러 있었다. 이에 반해 B균주에서는 티민다이머의 방사능이 DNA로부터 점점 없어져 갔다. 이 경향은 B/r(UV 저항성균)균주에서는 더욱 빨랐다.(그림 2-20)

세틀로우는 이 실험으로부터 세포에는 DNA 위에 생긴 티민다이머

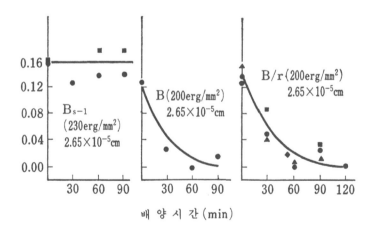

그림 2-20 | 티민다이머는 시간이 흐를수록 DNA로부터 떨어져 나간다.

를 제거하는 작용이 있다고 발표했다. 그리고 이것을 「절단 제거 수복
(excision repair)」이라는 모형으로 설명했다. 절단 제거된 후의 틈을 메
우는 작용이 있다는 것도 연달아 증명됐다.

그리고 이들 작용의 역할을 분담하는 세포의 효소가 발견되었다.
즉 UV 저항성균의 균이라는 것은 이들의 「절단 제거 수복」에 참가하

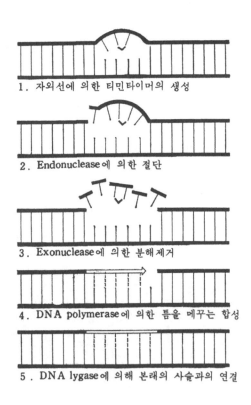

1. 자외선에 의한 티민타이머의 생성

2. Endonuclease에 의한 절단

3. Exonuclease에 의한 분해제거

4. DNA polymerase에 의한 틈을 메꾸는 합성

5. DNA lygase에 의해 본래의 사슬과의 연결

그림 2-21 | 절단 제거 수복

고 협력하는 효소를 충분히 가진 균이며, UV 감수성균이란 이들 효소를 유전적으로 갖지 않는 결함균주라고 결론지었다.(그림 2-21) 또 이 절단 수복은 DNA 복제에 앞서서 일어난다는 것이 필자와 다우드니(H. Nishioka, C. O. Doudney)의 협동 연구 등에 의해서 발견됐다.

「절단 제거 수복」만으로는 DNA를 지키는 이와 같은 수복기구를 설명할 수 없었다. 이후 제2의 수복기구가 있다는 것이 폴 하워드 플랜더스(P. Howard Flanders)에 의해서 발견됐다. 이 기구는 「재편성 수복(recombination repair)」이라고 불린다.

「재편성 수복」의 특징은 DNA 복제 때에 편승해서 행해진다는 것이다. DNA의 테이프가 꽤 긴 구간에 걸쳐서 제거되고 본래의 DNA와 새

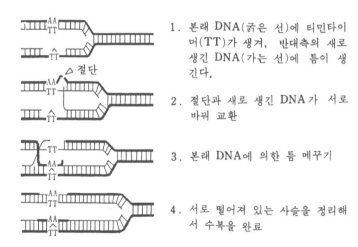

1. 본래 DNA(굵은 선)에 티민타이머(TT)가 생겨, 반대측의 새로 생긴 DNA(가는 선)에 틈이 생긴다.

2. 절단과 새로 생긴 DNA가 서로 바꿔 교환

3. 본래 DNA에 의한 틈 메꾸기

4. 서로 떨어져 있는 사슬을 정리해서 수복을 완료

그림 2-22 | 재편성 수복

로 생긴 DNA 사이에서 서로 보완해 가며 대규모적인 수복을 행하는 것이기에 실수가 따르기 마련이다.(그림 2-22) 그러므로 「재편성 수복」이 행해졌을 경우 수복 과정에서 실수에 의한 돌연변이가 도리어 증가한다는 것도 밝혀졌다. 앞에서 말한 「절단 제거 수복」 쪽은 작은 부분씩 행해지는 데다 더욱이 DNA 사슬 한쪽에만 한정되고 있으므로 상대적으로 더 정확하며 실수가 적기에 이 수복 과정에서는 돌연변이가 일어나기 어렵다는 것도 알아냈다.

이들 효소는 늘 DNA를 수리하고 있다가 DNA에 티민다이머가 있다는 것을 발견하면 즉각 활동을 시작하는 듯하다. 여기서 절단 제거 수리공은 정확한 데 비해서 재편성 수리공은 실패가 많아 우수한 수리공이라고는 말할 수 없을 것 같다.

자외선에 의해 DNA 생긴 상처 티민다이머는 이와 같은 생명 방어 기구에 의해 제거된다는 것을 알았다. 그러나 상처가 자외선에 의한 티민다이머만이라고는 한정 지을 수 없다. 앞에서 말한 바와 같이 화학물질에 의해서도 DNA에는 여러 가지 상처가 생긴다. 다음번의 흥미는 「절단」이나 「재편성」 수리가 화학물질의 상처에 대해서는 어떠한지에 관한 것이다.

그리고 이들 수리공은 티민다이머만이 아니라 변이원에 의한 상처도 수리해 버린다는 것을 알았다. 물론 상처의 종류에 따라서 수리하기 쉬운 것과 어려운 것이 있는 듯하다. 하여튼 DNA 수복이라는 건 생명에 있어서 귀중한 것이 아니겠는가. 환경의 변이원이 늘어가고 있는 지금이야말로 DNA의 수복 효소들은 우리 세포 속에서 굉장히 바쁘게 활동하고 있을 것임은 틀림없다.

무리한 수리에 의한 실수

자외선에 의한 생물 작용 연구를 통해 생명의 방어기구, DNA 수복이라고 하는 생명의 새로운 비밀을 찾아내었다. 변이원에 대한 이야기를 진행하고 있는 내가 여기서 DNA 수복에 관해서 상당한 양의 지면을 할애한 데는 두 가지의 커다란 이유가 있다.

그 하나는 앞으로 다룰 돌연변이 연구를 설명하는 데 있어 DNA 수복 현상을 잘 알지 않으면 안 되기 때문이다. 실제로 재편성 수복이 행해짐으로써 DNA의 상처는 응급조치로 치료되고 세포는 죽음에서 벗어나게 되지만 그 때문에 돌연변이는 오히려 증가한다는 것이다.

「암은 유전되느냐?」고 여러 곳에서 질문을 받는다. 현 시점에서의 가장 정확한 대답은 「모르겠다」일 것이다. 그러나 「암이 되기 쉬운 체질은 유전한다」라는 건 아마 옳을 것이다, 라고 말한다. 그렇다면 「암이 되기 쉬운 체질」이란 무엇일까? 나의 단순한 추리에 지나지 않지만 아마 DNA 수복이 그러한 체질과 관계되는 것이 아닐까? 즉 유전적으로 부정확한 DNA 수복을 하는 체질의 사람이면 세포의 돌연변이 유도에 의해 암에 걸리게 되는 것은 아닐까?

이 추리에는 근거가 있다. 실은 세균에 적용하면 이 추리는 완전히 적중된다. 대장균의 경우 「절단 수복」도 「재편성 수복」도 하는 보통 균주에서는 돌연변이가 일반적인 수준에서 일어난다. 그러나 「절단 수복」이 안 되어 늘 「재편성 수복」에만 의존하고 있는 균주에서는 자외선에 의해서든 화학물질에 의해서든 돌연변이가 일어나기 쉽다.

역으로 「절단 수복」만을 하고 「재편성 수복」을 할 수 없는 균주나 양쪽 수복이 모두 불가능한 균주에서는 돌연변이가 일어나기 어렵다. 즉 「재편성 수복」 과정이 돌연변이를 일으키는 데 있어 매우 중요한 역할을 하고 있다.

암을 돌연변이와 동일하게 논하기에는 시기상조일지도 모른다. 그러나 나중에 말한 바와 같이 DNA 수복과 밀접한 관계가 있음직한 암도 발견되고 있다. 암에 걸리기 쉬운 체질이나 그런 인간을 통틀어서 「고위험도 인간」(high risk group)이라고 일컫게 되었다. 어째선지 이 그룹은 DNA의 상처를 암이 되기 쉬운 수복기구에 의해서 수리하는 유전적 성격을 지니고 있는 것 같다. 이것이 나의 가설이다.

제2장에서 DNA 수복에 관해 기다랗게 설명한 또 하나의 이유는 변이원을 검출하기 위해서 DNA 수복을 교묘히 이용한 방법이 고안됐기 때문이다. 이 흥미로운 방법을 소개하기 위해서는 독자가 DNA 수복에 관해서 충분히 이해하고 있을 필요가 있었다. 그리고 이 검출 방법에 관해서는 다음 장에서 설명할 예정이다.

원시생명의 방어 방법

기린의 목이 긴 이유를 알고 있는가? 높은 나무의 열매나 잎을 따먹는 데 편리하기 때문이라는 대답이 우선 나온다. 그러나 그것뿐만이 아니다. 기린은 초원에 서식하는 아주 순한 동물이다. 때문에 기다란 목은 거칠고 사나운 표범이나 사자에게 습격당하지 않게 먼 곳을 감시하기 쉽도록 망루의 구실도 하고 있는 셈이다. 더욱이 기린은 발이 길어서 빨리 도망칠 수 있기에 그리 쉽게 적에게 잡혀 죽지 않는다. 정말로 묘하지 않은가.

이와 같이 생물의 예를 들자면 한이 없다. 외적의 눈을 피하기 위한 보호색은 좋은 예다. 호랑이의 줄무늬는 외적으로부터 몸을 보호하기보다는 먹이가 될 작은 동물에게 접근하기 위한 반보호색이라고 말할 수 있다. 그 밖에도 나뭇잎이나 가지와 같은 색깔의 보호색으로 포식자의 눈을 피하는 곤충, 해저의 흙과 같은 색깔을 한 생물 등 자연계는 얼핏 보기에는 평화로운 것 같으나 실은 생존경쟁의 허허실실의 세계다.

신의 손 아래 이와 같은 자연의 교묘함이 만들어졌다고 생각하고 싶지만 유감스럽게도 현실에는 그와 같은 낭만은 없는 것 같다. 혹독한 환경에 순응하여 생명을 유지해 가기 위해서 오랜 시간을 들여 진화와 도태를 반복해 온 결과라고 보는 것이 옳을 것이다.

이상의 예는 개체 수준의 생명 방어이지만 놀랍게도 세포 수준, 아니 DNA 수준에서도 이와 같은 방어기구가 갖추어져 있다. 지구가 탄생한 후 맨 처음에 존재할 수 있었던 생명체는 세균이나 바이러스 등의 원시

생명이었다. 물론 원시생명이라고 한들 DNA가 그 생명의 기본적 존재인 점에서는 변함이 없다. 그리고 그들에게 있어서도 초기의 지구는 상당히 엄한 환경이었던 것임이 틀림없다. 다만 그 혹독함이란 겨울의 추위도 아니요, 여름의 더위도 아니고 태풍도 지진도 아니었다. 그들을 힘들게 한 것, 그것은 아마 태양으로부터의 자외선이었다고 생각된다.

태양의 빛과 열의 에너지는 생명의 탄생부터 현재의 우리에 이르기까지 무한한 은혜를 베풀고 있으나 생명 탄생 초기에 UV는 지구상에 꽤 강렬하게(지금의 10배쯤) 내리쬐었을 거라고 생각된다. 원시생명 역시 당연하게도 DNA를 기본으로 해서 이루어져 있으므로 태양이 퍼부은 자외선에 의해서 많은 티민다이머가 만들어졌을 것이고 늘 위험에 처해 있었을 게 틀림없다.

그래서 자외선에 대한 저항성을 획득한 세포, 즉 DNA 수복을 하는 세포의 수가 차츰 늘면서 진화해 갔다고 생각되고 있다. DNA 수복은 생명의 가장 기본적인 방어기구로서 특히 원시생명에게는 중요한 부분이었을 것이다.

원시생명은 앞서 소개했던 두 가지 DNA 수복 이외에 더 간단하게 티민다이머를 수리하는 수단을 가지고 있었다. 그것은 광회복(光回復) 현상이라 일컬어지는 것으로, 이 수리 방법 역시 효소의 작용에 의해서 일어난다는 것이 알려졌다.

광회복 현상에 대한 연구는 주로 미국 텍사스대학 존 재거(J. Jagger), 스탄 루퍼트(S. Rupert), 월터 함(W. Harm)의 그룹에 의해서 집중적으로

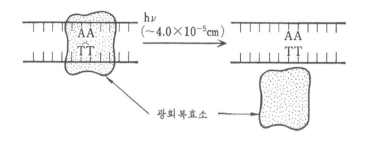

그림 2-23 | 광회복 현상

이루어졌다. 나도 이 그룹에 참가해서 연구한 적이 있었다. 텍사스의 밝은 자연과 개방적인 분위기를 배경으로 느긋하게 토론과 연구를 했던 경험은 지금 돌이켜 보아도 얻기 어려운 것이었다.

광회복을 위한 효소는 늘 DNA를 순찰하다가 티민다이머를 발견하면 그 부분에 붙는다. 그리고 태양으로부터의 가시광선(~4.0×10⁻⁵㎝)에 의해서 다이머를 개열(開裂)시키고 단량화하여(모노머로 해서) 환원시켜 버린다. 다만 이 광회복 현상은 앞에서 말한 두 가지의 수복과는 달라서 UV에 의한 티민다이머에만 유효하고 화학물질에 의한 DNA의 상처에 대해서는 효과가 없다.(그림 2-23)

이처럼 여러 가지 수복 능력을 획득한 원시생명은 그제야 비로소 이 지구상에 생존하기 위한 라이센스를 얻은 것이 된다.

그렇기는 하나 생명을 지키는 구조의 교묘함, 이중·삼중의 방어기구…… 생명이란 역시 멋진 것이다.

박테리아와 인간의 같은 유전병

박테리아로부터 인간에 이르기까지 모든 생물이 같은 구조로 유전 정보를 전달해 잇는다는 것은 앞에서 말했다. 그러나 개중에는 박테리아와 인간을 동일하게 거론하는 건 넌센스라고 생각하는 사람도 있을 것이다. 그러나 여기서 소개하는 박테리아와 인간 사이의 다이나믹한 공통점을 이해한다면 나의 주장이 결코 과장이 아니라는 것을 알게 될 것이다.

인간의 유전병 중에 색소성 건피증(色素性乾皮症: Xeroderma Pigmentosum, 요약해서 XP)이라는 반갑지 않은 것이 있다. 이 병은 자외선 과민증이다. 태양광선에 닿으면 피부가 빨갛게 타서 짓무르고 색소가 침착되며 건조해진다. 아기에게 이 증상이 나타나면 모친은 놀라서 병원의 피부과를 찾아간다. 피부과 의사는 「XP로구나」라고 중얼거릴 것이다. 피부과

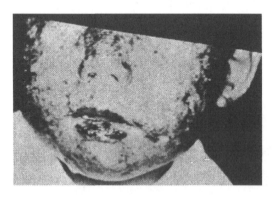

그림 2-24 | 색소성 건피증

교과서에 반드시 나오는 그 방면에서는 유명한 유전병이다. 큰 병원에는 여러 XP 환자가 있는데 그들은 외출이 금지되고 있다. 그리고 대개의 경우 이 병은 피부암으로 변했다.

미국의 제임스 클리버(J. E. Cleaver)는 「이 유전병은 최근에 보고된 DNA 수복에 결함을 가진 대장균과 동일하지 않을까」라고 추리했다. 인간의 유전병을 대장균의 결함균주와 공통으로 묶는 발상을 떠올렸다니 대담한 일이다.

그는 XP 환자의 세포를 취해서 UV에 대한 감수성을 측정하고 보통 사람의 세포와 비교했다. 그러자 꼭 대장균의 저항균과 감수성균에서 볼 수 있는 것과 같이 자외선에 대한 저항성에 커다란 차이가 있음을 발견할 수 있었다. 예상했던 것이기는 하나 XP 환자의 세포는 자외선에 형편없이 약했다. 다시 방사능으로 표지를 해서 티민다이머(물론 인간의 세포에도 자외선에 의해서 티민다이머가 생긴다)를 추적해 보았다. 정상인의 피부세포에서는 자외선에 의해 생긴 티민다이머가 자꾸 제거되어 감을 표지 역할을 하는 방사능이 감소하는 것을 통해 확인했다. 반면 XP 환자의 세포에서는 티민다이머의 방사능이 DNA에 언제까지고 남아 있었다. 이는 티민다이머가 제거되지 않음을 가리켰다.

XP 환자의 세포에 수복을 위한 효소가 결핍되어 있다는 사실도 분명해졌다. 이것으로 세균과 인간이 수복 효소의 결함이라는 같은 이유, 같은 구조로써 동일한 유전병에 걸린다는 것을 알았다. 어떤가? 인간도 세균도 형제와 같은 것이라고는 생각되지 않은가?

XP 병에 관해서 판명된 이상의 일은 앞에서 말한 발암 메커니즘에 관한 나의 추리에도 유력한 실마리를 던져준다. 즉 XP 환자는 피부암에도 지극히 걸리기 쉬운 체질을 가졌다는 것이다. XP 환자의 세포는 정확한 「절단 수복」이 불가능하므로 부정확하고 돌연변이를 일으키기 쉬운 「재편성 수복」에 의존해서 DNA를 수리하고 있다는 가설도 성립된다. 또 우리가 아직 알 수 없는 제3의 혹은 제4의 수복기구가 있을지도 모른다. 그러나 어떻든 간에 피부암이 DNA 수복의 결함 때문에 일어날 수 있다는 것은 사실이다. 수수께끼를 풀기까지 일보 직전에 다가섰다.

노화와 DNA 수복

불로장수는 예로부터 인간이 끊임없이 간직해 온 꿈이었다. 왜 나이를 먹을까? 왜 정력이 떨어질까? 인간은 반쯤 체념하면서도 때때로 이런 것을 생각해 왔다. 노화는 생명현상의 하나이지만 분자 수준의 생물학은 이 현상에도 공격을 시도하고 있다. 그리고 노화는 가령현상(加齡現象; aging)이라고 하는 매력적인 연구 분야로서 현재 각광을 받고 있다.

가령현상을 학문으로서 포착한 것은 방사선 생물학자들이었다. 방사선을 생물에게 쪼여서 그 영향을 연구하던 중 발암이나 유전적 영향 등 후에 가서 나타나는 현상[만발효과(晩發効果)라고 한다] 중에 노화가 있다는 것을 알아채게 되었다.

방사선을 쪼이게 되면 왜 생물은 빨리 늙을까? 이 의문에서부터 출발해 현재 여러 생물종을 대상으로 노화 연구가 시작되려 하고 있다.

그들은 우선 젊은 세포와 늙은 세포의 차이를 여러 각도에서 비교해 보았다. 특히 방사선이나 변이원과 같은 DNA에 상처를 주는 작용을 갖는 것에 대한 저항성을 조사해 보았다. 그러자 늙은 세포는 젊은 세포에 비해서 DNA의 상처를 수리하는 능력이 저하되어 있는 것 같다는 걸 알게 되었다.

다시 말하면 젊은 세포는 DNA에 입은 상처를 수리하는 효소가 풍부한 데다 활성이 크다. 그런데 늙은 세포는 이 효소가 적은 데다 그 능력도 약하다. 어떻든 간에, 노화에 있어서 DNA 수복이 어떤 형태로서든 관계하고 있는 것은 확실한 것 같다.

그러나 이 연구는 세포 단위의 것이므로 이것이 고등생물에도 곧 적용되느냐는 하는 데는 커다란 의문이 있다. 특히 인간의 노화현상은 지극히 복잡하며 여러 가지 요인이 얽혀 있다.

그렇기는 하나 분자생물학이 노화현상을 해명할 날엔 인류의 오랜 꿈이 실현될지도 모른다. 만일 활성이 강한 DNA 수복효소의 정제(錠劑)를 늘 사용함으로써 언제까지고 젊은 청년으로 있을 수 있다면, 영원한 청년들이 이 세상에 우글거리고 있게 될 것이다. 이것 또한 생각해 볼 문제이다.

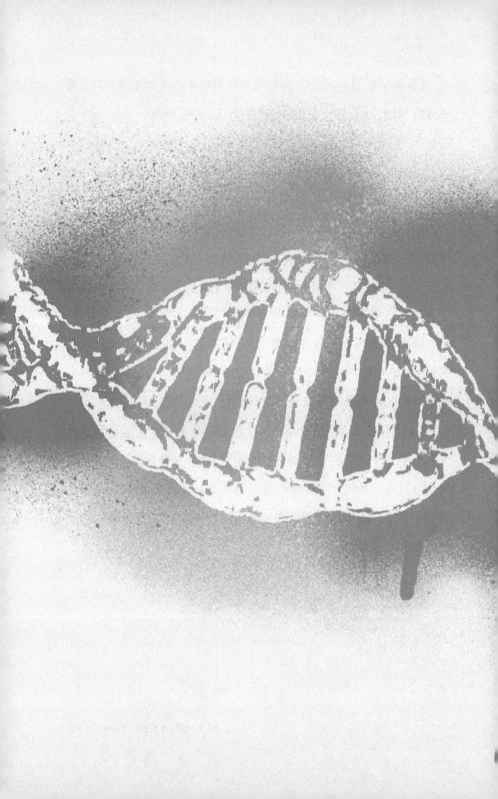

제3장

신변의 변이원을
탐색하다

1. 세균으로써 선별

빠르고 값싼 방법

우리는 이미 엄청나게 많은 수의 화학물질에 둘러싸여 생활하고 있다. 그리고 지금도 화학물질의 수는 자꾸만 늘어나고 있다. 지금까지의 연구로 이들 중에서 분명히 「변이원」이라고 지목할 수 있는 것이 몇 개나 발견되었다. 그러나 현재로서는 변이원인지 아닌지 테스트를 끝낸 화학물질은 전체에서 보면 극히 일부에 지나지 않는다.

인류에의 유전적 위험을 미연에 방지하기 위해서는 하루바삐 모든 화학물질에 대한 변이원성을 조사하지 않으면 안 되나 이것은 그렇게 쉬운 일이 아니다. 우리의 자손에게 나타날 위험을 유전적 위험이라고 칭하는 건 말할 나위도 없다. 그렇다면 이런 우려가 있는 물질을 어떻게 체크할 수 있을까?

분자 유전화학의 진보는 변이원이란 DNA에 상처를 주는 것이라고 가르쳐 주었다. 이것은 확실히 범인을 찾는 데에 유용한 정보이기는 하지만 그것만으로는 아직 불충분하다.

일반적으로 화학물질은 체내나 세포 속에서 효소 등과 생화학적 반응을 반복하면서 여러 가지로 변화해 간다. 우리는 아직 이 변화의 거동에 대해 많은 면을 알지 못한다. 따라서 현재로는 물질의 화학구조를

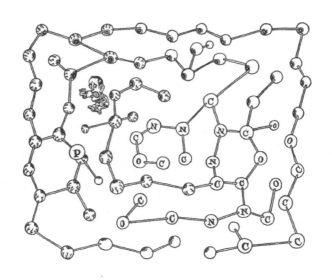

그림 3-1 | 우리 주변에 숨어있는 화학물질

관찰할 뿐이고 변이원성을 판단하는 데까지는 다다르지 못했다. 역시 어떠한 테스트를 시행한다면 비로소 확인할 수 있을 것이다.

당연한 일이지만 인간을 실험 재료로 할 수는 없다. 인간 다음으로 인간에게 가장 가까운 동물이라고 하면 원숭이라고 하겠는데 원숭이를 실험 재료로 쓰더라도 유전적 영향의 결과를 알기까지는 십수 년, 아니 수십 년이 걸릴지도 모른다. 게다가 유전적 영향이라는 건 돌연변이를 일으키는 확률이라는 의미가 되기에 한두 마리의 원숭이로서는 충분하지 않다. 수십 마리, 수백 마리가 필요하며 여기에는 막대한 돈이 든다.

약재의 효과나 독성을 체크하는 데에는 보통 잘 듣는 순종의 쥐와

미생물	살모넬라균, 대장균
곰팡이류	적색빵곰팡이, 효모
식물	자주색 달개비
곤충	초파리
포유동물의 배양세포	햄스터쥐
포유동물	쥐와 생쥐

표 3-1 | 돌연변이의 연구 재료

생쥐가 이용된다. 순종이라고 하는 것은 동족 동속의 부모에서 태어난 유전적으로 같은 표현형을 가진, 말하자면 혈통이 보증되는 집단을 말한다. 이들 쥐를 사용하더라도 유전적 영향이 나타나기까지는 몇 해가 걸리기에 이 방법에도 적잖은 돈이 든다.

현재 돌연변이의 연구 재료로써 사용되고 있는 생물을 [표 3-1]에 보여 주었다.

이것들에는 각각 오랜 세월에 걸쳐서 확립된 연구 방법이 있으므로 이것을 이용해서 변이원 검출에 쓰면 된다. 이러한 방법은 인류에의 유전적 위험도를 평가하기 위해서 각각 뭔가 정보를 줄 것이다. 그러나 이들 방법이 꼭 그렇게 간단한 것만은 아니다. 특수기능이나 설치가 필요하기도 하고, 모든 변이원에 대해서 가능하지도 않다.

지금 우리가 필요로 하는 첫째 것은 「선별(screening)」이다. 즉 환경

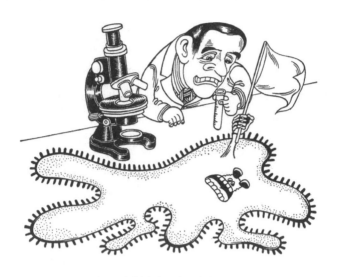

그림 3-2 | 범인을 찾아내는 데는 박테리아가 유효하다.

속 수많은 화학물질을 우선 대충 걸러낸다. 그리고 의심이 많이 가는 물질에 대해 점차적으로 인간에게 가까운 조건의(설사 돈과 노력이 들더라도) 시험으로 그 위험도를 확인해 나가려는 방법이다. 이것은 용의자들의 무리로부터 범인을 찾아나가는 범죄 수사 방법과 비슷하다. 이 선별법은 빠르고 값싼 방법이 아니면 안 된다.

이와 같은 조건을 잘 충족시켜 주고 있는 게 세균을 사용하는 방법이다. 세균이라면 한꺼번에 10^{10}개 즉 100억 개의 세포를 다룰 수 있다. 그중에서 10^{-7}, 즉 10^7에 1개꼴로 생기는 돌연변이 세포를 검출할 수 있다. 더욱이 하루 내지 이틀 안에 결과를 알 수 있을 정도로 빠르다. 수고도 크게 들지 않고 설비도 간단해서 좋다. 조금만 연습하면 전문가가 아니라도 할 수 있다.

물론 아무리 조잡한 스크리닝이라고 하더라도 선별에는 그 나름의 중요성이 있다. 범인으로 하여금 검문망을 빠져나가게 해서는 의미가 없다. 그러므로 「인간에 대한 유전적 위험도를 판단하는 데 포유동물이나 적어도 곤충이라면 모를까 원시적인 세균을 사용한다는 것은 너무 동떨어진 것이 아닐까?」하고 생각하는 사람이 있는 건 당연할 것이다.

제2장에서 유전의 구조는 모든 생물종에 공통되어 있다는 것을 여러 각도에서 말했다. 다른 생명현상 이를테면 수정, 발생, 분화 등의 현상에 관해서는 젖혀두고라도 유전에 관해서만은 세균에서부터 인간까지를 같은 기구로써 설명할 수 있었다. 즉 DNA의 정보 전달 방식이 어떤 세포에도 적용된다는 점이다.

이와 같은 유전 기구 때문에 인간에게 유전적으로 독물이 되는 것을 선별하는 데 세균을 사용하더라도 충분한 의미가 있는 것이다. 세균에 돌연변이를 일으키는 화학물질은 인간의 유전자에도 작용할 가능성이 충분하다고 말할 수 있다.

세균의 돌연변이에 대한 연구는 분자유전학의 성과를 배경으로 하여 최근 2~30년 동안에 놀라운 진보를 이룩했다. 이 진보를 배경으로 하여 여러 가지 유효한 세균검출법이 개발되고 있다. 그중에서 간단한 방법 두세 가지를 소개하기로 한다.

세균검출법

제2장에서 인용하면서 우리와 친숙해진 대장균을 사용하기로 하자. 대장균은 사람의 소화기관 속에 수많이 존재하여 여러 가지로 유익한 작용을 하고 있다. 물론 독성이 없는 균이기에 지금까지의 미생물 연구도 대개는 이 대장균에 관해서 이루어졌다.

변이원을 검출하기 위한 세균으로서의 제1조건은 변이원에 감도 좋게 반응할 것, 즉 돌연변이를 일으키기 쉬운 균이어야 했다. 그러므로 대장균으로 「절단 수복」이 불가능하고 「재편성 수복」에 의존하고 있는 균을 사용하기로 하자. 즉 이 균은 E- 즉(절단)-, R+ 즉 (재편성)+ 이라는 균이다. 사용할 균이 정해졌으므로 이 균을 적당히 증식시켜 주어야 한다.

200㎖의 삼각플라스크 속에 영양 액체배지를 50㎖쯤 넣고 균을 접종한다.〔이것을 식균(植菌)이라 한다〕이 플라스크를 천천히 흔들면서 하룻밤 동안 37℃로 따뜻하게 해 주면 다음 날 아침에는 투명했던 진한 황갈색 배지가 혼탁하게 되어 있다. 이것은 세포가 배지 속의 영양으로 하룻밤 사이에 분열에 분열을 거듭하여 최초 2,000~20,000/㎖이던 균에서 $10^9/㎖$, 즉 1㎖당 10억 개의 세포로 증식했음을 가리킨다.

이것이 실험용 대장균이다. 다음은 이 균에 돌연변이를 일으키기 위해 환경 조성을 해 주어야 한다. 그러기 위해서는 좀 특수한 한천 플레이트가 필요하다. 이것은 유리 또는 플라스틱의 뚜껑이 달린 샤레(배양접시, 지름 9㎝, 깊이 1.5㎝ 정도)에 고압멸균 가마솥으로 멸균한 배지를 1.5%의 한천으로 젤리 상태의 반고형이 되게 굳힌 것이다. 이 배지에

는 영양분이라고 말할 수 있는 게
[표 3-2]와 같은 무기물과 탄소원
으로서의 글루코스(glucose)만 있고
세포가 증식하기 위한 최소한도의
성분만 있을 뿐이다.(이것을 최소 배
지라 한다)

이 실험용 대장균은 아미노산
의 일종인 트립토판(tryptophan)

NH₄Cl	0.0g
MgSO₄	0.13g
KH₂PO₄	3.0g
Na₂HPO₄	6.0g
글루코스	4.0g
물	100㎖

표 3-2 | 대장균의 증식을 위한 최소 배지

을 합성할 수 없는 유전적인 결함을 갖고 있다. 단백질을 구성하고 있
는 아미노산은 20종이므로 19종의 아미노산을 그림 속의 무기성분으
로부터 모두 합성할 수 있으나 단 1개의 아미노산, 트립토판을 만들 수
없기 때문에 이 플레이트에서는 증식해서 코로니(colony; 눈에 보이는 균
의 집락)를 만들 수가 없다.

이와 같은 유전적 결함을 미생물학자는 영양요구성(이 경우는 트립토
판 요구성)이라고 말한다. 즉 외부로부터 트립토판을 첨가해 주지 않으면
단백질을 만들 수가 없다는 의미다. 이것은 무기성분으로부터 트립토판
을 단계적으로 합성해 갈 때의 경로 중의 한 군데가 잘려져 있다. 즉 그
부분에 작용하는 효소가 유전적으로 결함이 되어 있는 것이 원인이다.

그러면 평판 한천배지가 준비되어 있으면 그 위에다 대장균을 약
10^8개쯤 뿌린다. 균을 액체 배지에서 배양하면 보통 1㎖당 10^9개쯤까
지 증식하기 때문에 피펫(pipette)로 그중 0.1㎖를 빨아올려 평판 한천

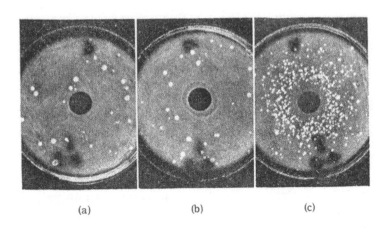

그림 3-3 | 대장균 증식을 위한 최소 배지

배지 위에 놓고 열쇠형의 유리 막대로 표면에 균일하게 펼친다. 그런 뒤에 조사하려는 일정량의 화학물질을 흡수시킨 지름 1㎖쯤의 여과지를 평판 한천배지의 중앙에 놓아둔다. 그리고 하룻밤 또는 이틀 밤을 37℃로 따뜻하게 해 주면 평판 한천배지는 테스트 된 화학물질의 종류에 따라서 [그림 3-3]과 같이 된다.

(a) 약품을 놓지 않은 경우

(b) 변이원이 아닌 것(kanamycin)을 놓은 경우

(c) 변이원을 놓은 경우(이 경우는 mytomycin C)

(a)의 평판배지는 대조구(control)라고 불리고 있다. 즉 약품을 놓지

않고 균의 상태를 관찰하는 셈이다. 이 평판배지는 집락을 만들 수 없을 터인데 사진에서 알 수 있듯이 실제로는 몇 개의 집락이 관찰된다. 이것은 자연돌연변이라고 말하는 것으로서 그 균의 집단 속에 원래 일정 수 (10^{-7}~10^{-8}쯤)의 돌연변이가 존재하는 것이다. 자연돌연변이가 왜 존재하는지는 잘 알 수 없으나 DNA 복제 기계가 회전할 때 1,000만 회에서 1억 회에 한 번꼴로 실수를 수반하는 것이 아닐까 하고 말하고 있다.

(b)의 평판배지는 변이원이 아닌 항생물질 가나마이신을 놓은 경우이다. 이 항생물질은 세포의 단백질 합성을 저해해서 살균을 하지만 DNA에 대해서는 작용하지 않는다고 알려져 있다. 사진에서 보는 바와 같이 이 평판배지는 대조구와 똑같이 보이며 가나마이신이 (a)의 자연돌연변이 이상의 돌연변이를 일으키지 않는다는 것을 나타내고 있다.

(c)의 평판배지는 변이원으로써 알려져 있는 항생물질로 발암 억제제이기도 한 마이토마이신 C의 경우이다. 변이원이면서 발암 억제제라고 말하는 것을 기묘하게 생각할 사람이 있겠지만 이것에 대해서는 제4장에서 설명하겠다. 이 사진을 보면 중앙의 여과지 주변에 수많은 콜로니가 생긴 것을 알 수 있다. (a)의 평판배지와는 분명히 다른 것을 알 수 있다.

이 콜로니는 돌연변이에 의해서 영양(이 경우는 트립토판)이 벌써 불필요하게 된[이것을 복귀변이(復歸變異)라고 한다] 것을 가리키고 있다. 즉 마이토마이신 C는 변이원이라는 것을 가리킨다. 이 방법을 「변이 유발 테스트」라고 일컫는다.

이 방법에 의해서 지금까지 변이원이라고 지적되었던 많은 것을 체크할 수 있다. 이 방법을 새로운 화학물질군에서 용의선상의 물질을 점검하기 위한 간단하면서도 믿음직한 무기라고 말할 수 있을 것이다.

그러나 이 실험 방법은 염기변화형의 변이원에는 유효하나 틀에서 밀려나는 형태의 변이원에 대해서는 감도가 나쁘다는 결점이 있다. 미국 캘리포니아대학 교수 브루스 에임스(B. Ames)가 개발한 방법은 이들의 결점을 보완했고 더군다나 감도가 높다. 이 방법은 지금 온 세계로부터 주목받고 있으며 각 기관에서 계속 채용되고 있다.

미생물로서는 살모넬라(Salmonella)균을 사용하고 있다. 살모넬라균이라면 식중독의 원인균으로서 유명하므로 이러한 위험한 세균을 사용한다는 것에 대해 걱정하는 사람도 있을 것이다. 그러나 여기서 사용되고 있는 살모넬라균은 독성이 전혀 없게 유전적으로 개조된 것이다. 그뿐만 아니라 검출하기 좋게 인공적으로 여러 가지 가공을 받은 균이다.

예를 들면 다소 큰 화학물질의 분자라도 세포막을 쉽게 통과하여 유전자 DNA에 도달해서 이것에 작용할 수 있게 세포막의 구멍을 거칠게 해 놓았다. 또 앞에서 설명한 대장균과 마찬가지로 DNA의 상처에 대해서 정확한 「절단 수복」은 하지 않아도 실수가 많은 「재편성 수복」을 할 수 있게 유전자를 가공했다. 이와 같이 편대의 미생물은 마치 찰흙 세공을 하듯이 유전자를 떼었다 붙였다 하고 있다.

이렇게 하여 얻어진 균을 에임스는 변이원 검출용 살모넬라균의 세트로써 사용하고 있다. 이 세트 균은 세계 각국으로 보내져서 현재 각지에서 변이원 검출에 한몫을 담당하고 있다.

그림 3-4 | 현대의 유전학은 유전자를 점토세공같이 취급

 한 예를 들면 살모넬라 TA98, TA100이라는 두 가지 균이 한 쌍으로 이용되고 있다면, TA98은 유전자들을 물리는 형의 돌연변이만을 표현하는 특징을 가진 한편 TA100은 염기의 변화에 말미암은 돌연변이만을 일으키는 균이다.

 이 한 쌍의 균을 사용하면 환경의 화학물질을 선별하여 감도 좋게 검출할 수가 있다. 더욱이 이 변이원이 DNA에 어떠한 변화를 주느냐, 즉 틀이 밀리는 형인지 염기 변화형인지의 여부까지도 판단할 수 있다.

DNA에 상처를 주는 범인을 찾아라

유전독성은 유전자에 작용한다. 이 작용기구는 단순하지 않다. 제2장에서 여러 가지 「상처」를 주는 방법에 관해 말했는데, 이 상처를 주는 방법에는 직접적인 경우와 간접적인 경우가 있다.

직접적인 경우는 DNA의 염기나 사슬에 직접 작용하여 다음번의 DNA 복제 때에 실수를 유도하는 것으로 예를 들면 컴퓨터 기계 자체의 실수가 될 것이다. 간접적인 경우는 질서정연하게 이루어지는 DNA 복제를 방해해서 합성속도를 늦추거나 속도를 엉망으로 하여 실수를 유도하는 것으로 이를테면 컴퓨터 자체의 실수가 아닌 오퍼레이터의 피로에 의한 실수가 되겠다.

어떻든 간에 결과적으로 DNA에 작용해서 「상처」를 주는 것이 된다. 그러므로 유전독물을 찾는다는 것은 결국은 DNA에 상처를 주는 범인 물질을 찾아내는 일이다. 이것을 위한 매우 간단하면서도 더욱이 분자유전학의 원리에도 충분히 부합되는 방법이 개발되어 성공하고 있다.

제3장에서 DNA의 상처는 원시적이긴 하나 교묘한 생명방어기구로써 수리된다는 것을 말했다. 그리고 수복 가능균과 불가능한 균이 있다는 것을 말했다. DNA의 「수복실험」은 수복 가능균과 불가능균 이 한 쌍의 균을 사용해서 하는 것이다.

실험하려는 화학물질을 이 한 쌍의 균에 같은 농도로 동일하게 작용시켜 본다. 만일 이 물질이 가능균보다도 불가능한 균에 대해서 보다 강한 살균력을 나타내면 DNA에 상처를 입혔다고 판단할 수 있다. 약

그림 3-5 | 잘못을 저지른 것은 누구냐!

간의 기술을 필요로 하나 잘 생각해 보기 바란다. 즉 어떤 화학물질이 DNA에 어떠한 상처-수리를 필요로 할 만한-를 입혔다고 하자. 가능균은 이 상처를 어떠한 기구로써 수리할 수 있으므로 피해를 입은 곳을 최소한으로 막아 최종적으로는 다수의 균세포가 살아남게 된다.

그러나 불가능한 균은 이것을 수리할 수 없기 때문에 생긴 상처는 DNA의 복제를 방해하거나 다른 고분자 합성에 영향을 주고 균은 분열해서 증식할 수가 없게 된다. 이 원리는 DNA 수복이라는 현대의 분자생물학이나 분자유전학의 최첨단 현상에 바탕하고 있으므로 얼핏 보기에는 어려울 것 같음은 어쩔 수 없으나 실험 절차는 극히 간단해서 조금만 연습하면 중학생도 할 수 있다.

먼저 여기서도 대장균의 DNA 수복 가능균과 불가능균을 준비한다.

A균은 DNA 수복 가능한 균(E⁺, R⁺), 즉 「절단」도 「재편성」도 할 수 있는 균이다.

D균은 DNA 수복이 불가능한 균(E⁻, R⁻) 반대로 양쪽의 수복능력이 결여된 균이다.

이번에는 이들 대장균이 잘 생육하도록 충분한 영양이 들어 있는 배지(영양배지)를 쓴다. 각각의 균 0.1㎖를 피펫트로 빨아올려 한천 평판배지 위에 가만히 놓고 열쇠형의 유리 막대로 평판배지 전면에 도말한다. 이것으로 가능균인 A균도 불가능균인 D균도 각각 평판배지에 $10^7 \sim 10^8$개가 들어 있는 것이 된다. 이 양쪽 평판배지의 중앙에 각각 실험하려는 약품을 같은 양만큼 흡수시킨 지름 1㎖의 여과지를 놓고 하룻밤 동안 37℃에서 배양한다.

약품의 살균력에 의해서 여과지 주위로 증식 저지대(佀止帶)가 관찰된다. 물론 이 약품에 살균력이 없다면 저지대는 보이지 않으므로 한 면에 많은 양의 균이 생긴다. 저지대가 A균과 D균에서 같은 너비가 되면 이 약품은 A균과 D균에 대해 같은 정도로 증식을 저해한 것이 된다. 이런 경우 이 약품은 DNA에는 상처를 주지 않고 DNA 이외의 장소나 분자에 영향을 주어 세포를 죽이거나 증식을 멈추게 하는 물질이라고 할 수 있다.

이것의 한 예로서 페니실린(penicilin)이나 스트렙토마이신(streptomycine) 등이 있다. 이들 항생물질은 A균과 D균에 대해 같은 정도의 살균력을

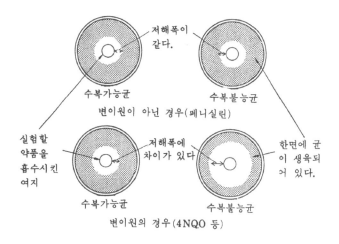

저해폭이 같다.

수복가능균   수복불능균

변이원이 아닌 경우(페니실린)

실험할 약품을 흡수시킨 여지

저해폭에 차이가 있다

한면에 균이 생육되어 있다.

수복가능균   수복불능균

변이원의 경우(4NQO 등)

그림 3-6 | DNA 수복실험

나타낸다. 사실 페니실린이나 스트렙토마이신이 세포의 단백질 합성을 저지함으로써 세포의 증식을 억제하고 병원균을 퇴치한다는 것을 알고 있다. 때문에 DNA에 상처를 주지 않는다. 즉 페니실린이나 스트렙토마이신은 유전독물-변이원은 아닌 것이다.

이것에 반해서 A균보다 D균 쪽에 긴 저지폭을 나타내는 약품이 있다면 이것은 DNA에 「상처」를 주고 있는 것이 되며 유전독물로 의심해 볼 수 있다. DNA에 작용해서 「상처」를 주는 물질로서 지금까지 알려진 물질, 4NQO나 MNNG(메틸-N´-나이트로소-N-나이트로소구아니딘: Methyl-N´-Nitroso-N-Nitroso Guanidine)이나 마이토마이신 C(항암제)는 바로 이와 같은 차이를 이 두 가지 균에 대해서 나타내고 있다.

평판배지에 도말한 세균에 대해 약품에 의한 증식 저해의 폭을 조사하는 이 방법은 예로부터 항생물질의 항균력 실험 등에 이용되어 왔다. 이러한 방법은 유전독물을 검출하는 「DNA 수복실험」으로써 두 가지 균의 항균력을 비교하는 것으로 다시 쓰여지게 되었다.

일본의 국립 유전학연구소의 가다(賀田恒夫)는 이 방법을 더욱 간략화했다. 1개의 평판배지 위에 [그림 3-7]과 같이 이 두 균으로 2개의 선을 그려놓은 뒤 그 중심부에 약품을 흡수시킨 여지를 두어 배양 후 양쪽에 대한 저해 거리를 직선적으로 측정해서 판단하는 방법을 개발했다.

이상에서 말한 DNA의 수복실험은 비교적 강한 변이원에는 유효하

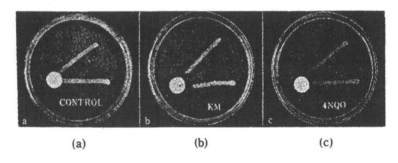

(a)   (b)   (c)

그림 3-7 | DNA 수복실험 직선법

각 평판배지 밑의 선은 DNA 수복 가능균을, 위의 선은 불능균을
나타낸다.

(a) 대조구는 여지에 화학물질을 포함하지 않는다.
(b) 가나마이신(KM)의 경우는 같은 너비의 생육 저해를 받는다.
(c) 4NQO의 경우, 불능균은 가능균보다 강하게 저해 된다.

나 약한 것에 대해서는 두 균의 수복력의 차이가 확실치 않은 경우가 있다. 때문에 우리 연구실에서는 이 「DNA 수복실험」을 더욱 예민하게 그리고 정량적으로 할 수 없을까 하고 생각했다.

일반적으로 세포에 대한 화학물질의 작용은 한천 평판배지 위에서 보다 액체 속에서 더 강하다. 그래서 시험관 속의 액체 배지에서 대장균과 화학물질을 접촉하게 했다. 즉 시험관의 액체 영양배지에 차츰차츰 짙은 약품을 넣고 그 속에서의 A균과 D균의 증식 차이를 배지 혼탁도의 차이를 통해 관찰하는 방법이다. 예상대로 이 「DNA 수복실험 액체법」은 DNA에 상처를 주는 작용을 초고감도로 드러낼 수 있었다.

이들 스크리닝에 의해서 양성(陽性)이 된 것 모두가 인간에게 위험하다고 하는 것은 속단이다. 앞에서 말한 것과 같이 이것은 경제적으로 변이원을 검출하기 위한 1차적인 스크리닝에 지나지 않는다.

여기서 양성으로 된 것에 관해 다시 다음 단계의 실험으로 포위진을 좁혀가서 마침내 범인을 검거할 필요가 있다. 어쨌든 이와 같은 간단한 방법으로 DNA에 「상처」를 내는 범인, 즉 변이원을 검색할 수가 있다.

여기서 말한 DNA에 난 「상처」를 검출하는 간단한 검출법은 분자 수준에까지 생물학이나 유전학이 발전한 결과로, 이것들로부터 얻어진 지식이 아로새겨져 있다. 이를테면

1. 유전자가 DNA라는 것

2. 모든 생물종의 DNA는 공통의 구조와 기능을 가졌다는 것

3. DNA의 「상처」가 돌연변이를 유도한다는 것

4. DNA의 「상처」를 수리할 능력이 세포에 갖춰져 있다는 것

5. DNA의 「상처」를 수복할 수 없는 유전적 결함 세포가 있다는 것

특히 마지막 두 가지는 근래 수년 사이에 해명된 것이다.

범인의 모습

변이원이라고 하는 것의 정체가 조금씩 밝혀져 왔다. 지금까지의 연구는 변이원이 DNA에 작용해서 상처를 주고 유전정보를 교란시키는 것이라고 가르쳐 주었다. 그러나 변이원도 천차만별이어서 여러 가지 형식으로 있으며 좀처럼 만만한 게 아니라는 것도 알게 되었다.

여기서 한번 유전독물이라는 범인의 모습을 정리해 보기로 하자.(표 3-3)

(1) 알킬화제(化劑)

최초의 변이원으로써 확인된 유명한 머스터드(mustard) 가스도 알킬(alkyl) 화제이다. 그 후 수많은 알킬화제가 바이러스에서 고등식물에 이르기까지 돌연변이를 일으킨다는 것이 발견되었다.(그림 3-8)

DNA에 알킬화제를 작용시키면 DNA 구조의 특정 염기의 특정 장소에 알킬기가 결합하기 쉽다는 것(알킬화, alkylation)을 알았다.

이를테면 구아닌 염기 중 7번째 위치는 약 79~92%의 확률로 알킬

알킬화제	nitrogen mustard, methyl methane sulfonate(MMS), ethyl methane sulfonate(EMS) 등
염기유사체	5-bromouracil, 5-bromodeoxyuridine, 2-aminopurine 등
염기합성저해제	azaserine, 카페인, 6-mercaptopurine 등
색소류	proflavin, acridine orange, phloxine 등
중금속화합물	$MgCl_2$, $K_2Cr_2O_7$ 등
농약류	캡탄, 데크션, 니트리트 등
발암물질 및 그 대사물	4-nitroquinoline-N-oxide(4NQO), methyl-N′-nitroso-N-nitrosoguanidine(NTG), 3-methylcholanthrene-11, 12-oxide, benzanthrasen-5, 6-oxide, N-acetoxyacetylamino fluorene 등
기타	formaldehyde, ethylene oxide, diazomethane, adide, 산성아황산나트륨, 아질산, hydrazine, hydroxylamine 등

표 3-3 | 유전생물의 범인상

화된다. 다음에 아데닌 3의 위치에서는 8~19%의 확률로, 같은 아데닌 1의 위치에서는 2~3%의 알킬화가 일어난다고 한다.

화학명	통칭	구조
di-(2-chloroethyl)sulfide	mustard gas	$CI-CH_2-CH_2-S-CH_2-CH_2-CI$
ethylmethane sulfonate	EMS	$CH_3-CH_2-O-SO_2-CH_3$
Ethyl ethane sulfonate	EES	$CH_3-CH_2-O-SO_2-CH_2-CH_3$
diethyl sulfonate	DES	$CH_3-CH_2-O-SO_2-O-CH_2-CH_3$
N-methyl-N′-nitro- N-nitrosoguanidine	NG	$HN{=}C{-}NH{-}NO_2$ $\quad\quad\mid$ $O{=}N{-}N{-}CH_3$

그림 3-8 | 주된 알킬화제

(2) 염기 유사물질

이 물질의 작용 방식은 염기유사체라고 부르는 것으로 이미 앞에서 말한 바와 같다.

(3) 인터칼레이트제

맨 처음으로 색소에서 발견된 DNA의 「끼어들기」는 최근 2~3년 사이 그 밖의 여러 물질에 대해서도 같은 작용이 있다는 것이 발견되었다. 다환(多環)탄화수소가 그것이다. 다환탄화수소에 의해서 DNA의 구조 이동이 일어나 돌연변이로 유도된다는 것도 앞에서 말한 바와 같다.

(4) 항생물질류

항생물질이 만들어 내는 성분에는 다른 병원균을 파괴하는 것이 있다. 이것에 착안하여 발견된 것이 플레밍(A. Fleming)에 의한 페니실린, 왁스만(S.A.Waksman)에 의한 스트렙토마이신이었다. 이들을 항생물질(抗生物質)이라고 하는데 지금까지 알려진 항생물질은 수없이 많다.

이들 중에 변이원성을 보이는 것이 발견되고 있다. 특히 항암제로써 사용되고 있는 것이 많다. 대표적인 것으로는 마이토마이신 C라는 항생물질로 유명한 항암제이다.

땅콩(낙화생)에 붙는 곰팡이가 발암 작용을 보이는 데서부터 연구가 시작되었다. 그리고 이 곰팡이가 아플라톡신 B(Aflatoxin B)라는 발암성 물질을 생산한다는 것을 알았다. 이것은 역시 돌연변이를 일으킨다.(그림 3-9)

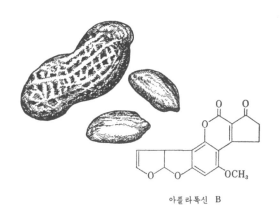

아플라톡신 B

그림 3-9 | 땅콩에 생성된 아플라톡신 B

(5) 금속류

금속은 환경 오염물질로써 여러 가지 심각한 결과를 일으키고 있다. 그러므로 그 생리적 독성에 대해서는 잘 연구되어 알려져 있다. 그러나 이것의 유전독성에 대해서는 거의 알아채지 못하고 있었다.

금속 일부의 것에 변이원성이 있다는 사실을 발견한 건 우리 연구실이었다. 그에 얽힌 에피소드나 연구 결과에 대해서는 제4장에서 말하기로 하겠다.

그러나 금속이 DNA에 어떤 상처를 주는가에 대해서는 아직도 잘 모르고 있다. DNA를 지지(spindle)하고 있는 단백질(핵단백질)에 작용해서 DNA에 요동을 주어(이것을 스핀들 독이라 한다) 결과적으로 DNA에 영향을 끼치는 것이 아닐까 하는 가설도 있다.

(6) 기타

아질산이나 아황산 및 이들 염(나트륨이나 칼륨이 붙은 것)도 변이원의 한 무리이다. 아질산이 우리 신변에 어떤 방법으로 접근하고 있는가에 대해서는 나중에 자세히 설명하겠다.

히드라진(H_2NNH_2)은 사진화학공업이나 농약으로서 또 하이드록실아민(NH_2OH)은 섬유공업이나 제지공업 등에서 다량으로 사용되는 것인데 모두 유명한 변이원이다.

최근에 주목하는 것으로는 나이트로소(nitroso) 화합물이 있다. 그것의 대표적인 것이 MNNG이다. 이것은 발암성이나 변이원성도 A급인 것으로 염기 변화형의 돌연변이를 일으킨다는 게 확인되었다. 또 염색체 이상도 일으키며 특히 「결실(缺失)」이 잘 관찰된다. MNNG는 신변에 존재하는 일은 없으나 그와 같은 족에 속하는 여러 가지 나이트로소화합물은 환경 속에 존재해 있다. 이것들에 대해서도 제4장에서 자세히 설명하기로 한다.

2. 체내에서 독성화하는 것

배신자 효소

유전독물을 DNA에 「상처」를 주는 것이라고 몰아붙이고 세균으로써 선별이 가능하다는 것을 증명해 보였다. 그러나 실제는 그리 만만하게 처리되지 않는다. 조사를 해 감에 따라서 복잡한 문제가 생긴 것이다. 화학물질 그대로의 형태로서는 미생물의 DNA에 작용하지 않아 선별 과정에서는 음성(陰性)으로서 통과한 후, 생체 내에 들어가서 변화해 거기서 비로소 독성화하는 따위의 것이 의외로 많다는 사실을 알았다.

포유동물의 체내에는 각종 물질대사 경로가 있어서 섭취한 영양이 에너지로 바뀌거나 피와 살이 되거나 한다. 체내의 대사에 대해서는 20세기에 접어들어 생화학 분야에서 연구되면서 거의 모든 경로가 해명되었다. 이 가운데는 체내로 끼어든 독물을 분해해서 무독화(無毒化)하는 작용, 즉 해독작용도 있다. 이들의 분해반응에는 늘 효소가 작용하고 있다. 이를테면 알코올을 분해하는 데는 알코올 분해효소가 작용해서 체내의 온도에서 느릿하게 반응이 진행된다.

체내 특히 간장에는 수백 종류의 효소가 늘 대기하고 있다. 어느 때는 환원적(還元的)으로, 어느 때는 산화적(酸化的)으로 작용해서 독물로부터 몸을 보호하고 있다.

고래로부터 인간이라는 생물은 나무 열매나 물고기를 주식으로 하는 식생활을 계속해 오면서 수백만 년 동안 갖가지 식중독을 경험해 왔다. 그리고 진화와 선택에 의해서 이들 독물을 해독하기 위한 효소를 생산하는 능력을 하나하나씩 필요에 따라 유전적으로 몸에 익혀 왔을 것이다.

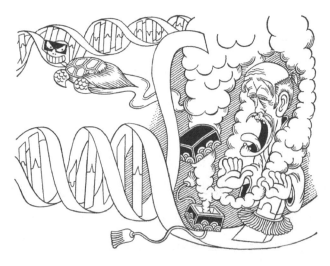

그림 3-10 | 독물로부터 몸을 지켜 줄 것으로 믿었던 효소의 배반

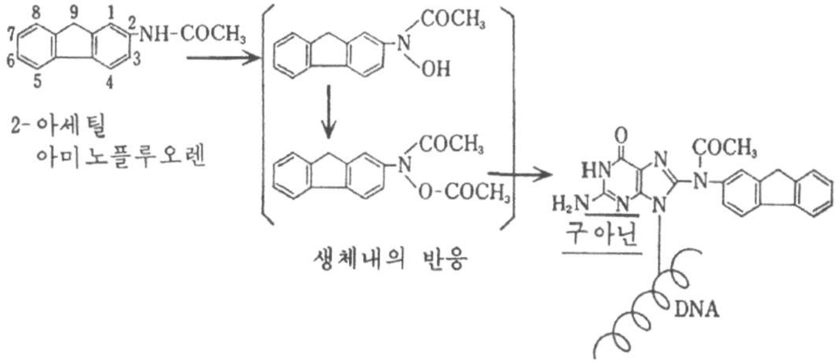

그림 3-11 | 아세틸 아미노플루오렌(AAF)의 생체 내에서의 변신

그러므로 체내효소는 생체의 건강을 유지하기 위해 합목적(合目的)으로 작용해 줄 것이고 결코 배신하지 않는 우군이라고 믿어도 되었을 것이다.

그럼에도 유전독물 중 체내의 효소에 의해서 독성화하는 것이 있다는 건 도대체 어쩐 일인가? 우리 체내의 효소들이 주인을 배반했다는 말인가?

유감스럽게도 효소의 배반은 어김없는 사실이다. 몇몇 유전독물이 간장의 효소에 의해서 독성화한다는 것이 알려져 있다. 한 예로서 아세틸 아미노플루오렌(acetyl aminofluorene)이라는 물질의 경우를 들어 보자.(그림3-11) 이 물질은 본래 농약으로 개발된 것인데, 간장의 효소와 만나게 되면 금방 변신해 DNA의 구아닌 염기와 결합해서 강력한 변이원, 발암물질로 변화한다. 이와 같은 예는 최근에 연달아 발견되고 있다.

신변에 밀어닥치는 너무나도 많은 인공적인 새 화학물질, 이것에 대해 우리 체내의 효소는 해독 능력을 100% 발휘해서 열심히 활동해 왔을 것이 틀림없다. 그러나 너무나도 많은 새로운 화학물질에 대응하면서 마침내 그들이 스스로의 한계를 깨닫게 되어 배신으로 돌아선 것이라고 말할 수는 없을까?

유전독물을 발견하기 위해 우리는 미생물을 사용하는 간단한 방법을 고안했으나, 이래서는 이 테스트 방법에 걸려들지 않는 것도 있지 않을까 하는 의문이 생긴다.

모든 상황증거가 완전히 갖춰지면서 아무리 해도 진상을 밝힐 수 없었던 몇 가지 의혹 물질이 앞에서 말한 효소의 영향에 의한 대사활성형(代謝活性型)의 유전독물인 것 같다는 것을 알게 되었다. 이것들을 우리가 고안한 미생물에 의한 선별 검문에서 양성으로 걸려들게 하려면 어떻게 해야 될까? 과학자들은 또다시 지혜를 짜냈다. 마치 범인과 수사진의 지혜 겨루기인 셈이다.

염화비닐 단위체의 경우

우선 생각할 수 있는 것은 용의성이 있는 물질을 포유동물의 간장효소군과 접촉시켜 체내에서 행해지는 대사와 같은 반응을 일으키게 한다. 그런 뒤에 세균을 시험하면 될 것이다.

이에 따라 쥐의 간장을 짓이긴 것(이것을 S-9 mix라 한다)과 화학물질을 섞어 효소로 반응(이것을 대사활성화라 한다)을 시킨다. 이와 같이 S-9

혼합물로 대사활성화를 시킴으로써 비로소 변이원성이 검출된 화학물질의 예를 몇 가지 들겠다.(표 3-4)

이들은 활성화 시험을 하지 않으면 수사망을 뚫고 나가 도망치고 있었던 셈이다. 앞에서 말한 아세틸 아미노플루오렌의 경우는 전형적인 예라고 할 수 있다. 여기서는 또 하나 최근에 발견된 염화비닐 단위체(vinyl chloride monomer)의 활성화 예를 소개하겠다.

염화비닐 단위체는 합성섬유나 안료의 원료로 사용되고 있는 폴리염화비닐의 단체(單體)로서 그 분자구조는 $CH_2=CHCl$이라고 하는 간단한

	변이원성	발암성
2-acetyl aminofluorene(AAF)	+	+
N-OH-2 acetyl aminofluorene	+	+
N-acetoxy-2-acetyl aminofluorene	+	+
2, 7-bis-acetyl aminofluorene	+	+
2-aminofluorene	-	+
N-hydroxy-2-aminofluorene	+	+
2-nitrofluorene	+	+
2-nitrosofluorene	+	+
4-nitroquinoline-1-oxide(4NQO)	+	+
4-hydroxyaminoquinoline-1-oxide	+	+
4-methyl-N´-nitro-N-nitrosoquanidine	+	+

표 3-4 | 효소에 의해 활성화되어 변이원 또는 발암물질로 변하는 것

화합물이다. 즉 에틸렌 $CH_2=CH_2$의 수소 1개가 염소로 바뀐 형태다. 염화비닐 단위체는 결합해서 중합체(重合體)가 되기 쉬운 성질이 있기에 최근 10년쯤 사이 고분자의 원료로서 대량으로 사용되게 되었다.

식품의 포장 재료, 간장 그릇 따위의 편리한 것으로 변신해서 우리 주변에 몰려들고 있다. 이 동안에 염화비닐 단위체를 다루는 공장 종업

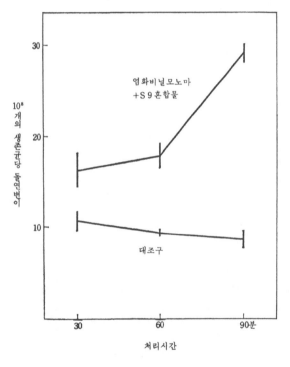

그림 3-12 | 염화비닐 단위체와 대사활성화

원 사이에 암이 많이 발생한다는 사실이 보도되기도 했다. 그러나 미생물을 이용한 테스트에서 염화비닐 단위체는 늘 음성이었다.

스톡홀름대학의 라멜(Ramell)은 염화비닐 단위체를 S-9 혼합으로 대사활성화를 해 보았다. 그러자 예상했던 대로 살모넬라균에 돌연변이를 일으켰다. 염화비닐 단위체가 S-9 혼합으로 어떻게 변화해서 변이원성이 나타났을까?

염화비닐 단위체는 S-9 믹스에 의해서 다음과 같이 변화한 것 같다.

$$CH_2{=}CHCl \rightarrow CH_2 {-\!\!-\!\!-} CHCl$$
$$\diagdown \diagup$$
$$O$$

염화비닐 단위체의 2개의 탄소를 결합하고 있는 이중결합의 한쪽에 산소 원자가 끼어들어 삼각형을 형성하고 있다. 이 화학식의 오른쪽에 생긴 삼각형은 에폭시드(epoxide)라고 일컬어지고 있는데 이 형태가 되었을 때 변이원성의 냄새를 풍긴다.

쥐의 배를 통과시켜라

미국 브라운대학의 레게타는 더욱 슬기롭게 활동했다. 실제로 체내에 용의물질을 통과시키려는 것이다. 물론 인간을 대상으로 할 수는 없으므로 쥐의 배를 빌리기로 했다. 즉 시험하려는 화학물질과 돌연변이를 일으키는 세균을 쥐의 배에다 주사한다. 세균과 화학물질을 쥐의 배

그림 3-13 | 숙주경유법

속에서 접촉하게 하는 것이다. 일정한 시간이 지난 뒤에 체내로부터 테스트용 세균을 끌어내어 돌연변이가 붙었는지 어떤지를 조사한다.

이 방법은 생물의 체내를 이용해서 생화학적인 변화나 반응을 일으키게 하기 때문에 실제 조건과 가깝다. 이 방법은 숙주경유법(宿主經由法, host mediated assay)이라고 명명되어 있다. 인간의 배 속과 쥐의 배 속에 있는 효소의 종류나 작용이 같지는 않으나 우선 이보다 더 좋은 방법을 바란다는 것은 무리일 것이다.

이 방법에서는 본래 배 속에 있는 미생물만을 이용해야 하므로 살모넬라균, 효모, 붉은빵곰팡이(Neurospora), 고초균(枯草菌, B. subtilis)이 사용된다. 이 방법에 의해서 변이원성이 발견된 화합물로서는 디메틸니트로스아민(dimethyl nitrosamine), 사이카신(cycasin), N-나이트로소

몰포린(nitrosomorpholine), N-나이트로소 피페라진(nitrosopiperazine) 등이 있다.

예를 들면 디메틸 니트로스아민은 간장암을 일으키는 강력한 발암 물질로써 잘 알려져 있었으나 세균이나 곰팡이의 검출 계통에서는 늘 음성이라는 결과가 나왔다. 그러나 초파리의 체내에서는 돌연변이를 분명히 일으키고 있다는 것을 가리켰다.

초파리는 세균과 같은 단순한 것에 비해서 꽤 고도의 대사계를 가지고 있다. 그러므로 이 화합물은 대사계가 관여해서 비로소 돌연변이를 일으키는 것으로 예상되고 있었다. 이 방법은 그것을 멋지게 해결한 예다. 사이카신은 소철(蘇鐵) 열매에 함유되어 있는 발암물질인데 이것도 같은 예다.

3. 확고한 증거를 위해서

염색체 이상의 관찰

세균을 사용한 선별 방법에 의해 용의물질이 연달아 걸려든다. 이번에는 용의물질에 대해 확고부동한 증거를 들이대지 않으면 안 된다. 세균의 돌연변이와 함께 포유동물의 염색체 이상을 관찰함으로써 화학물질의 변이원성을 점검할 수 있다.

사람의 염색체에 대해서도 조사가 가능하다. 이는 인간에 대한 위험도를 평가하는 데 유력한 정보원이 된다. 염색체의 연구는 19세기 말 무렵부터 시작되어 현미경의 발달, 생화학의 진보와 더불어 지금까지 크게 발전해서 세포유전학이라고 하는 학문 분야를 개척했다.

그런데 염색체란 것은 이름 그대로 세포의 핵 속에 존재하며 색소로서 잘 물드는 물질이다. 염색체의 주성분은 역시 DNA이지만 그 밖에 소량의 단백질도 포함되어 있다. 염색체의 수와 형태는 생물의 종류에 따라서 일정하다. 동일종인 생물에서는 신체의 어느 부분에서 세포를 취하더라도 거의 변함이 없다. 즉 인간의 경우라면 발바닥의 세포, 코끝의 세포 또 위벽의 세포 속에 함유된 염색체의 수와 형태는 일정하다.

사람의 염색체 수가 결정된 데에는 사실 75년간 연구한 역사가 있

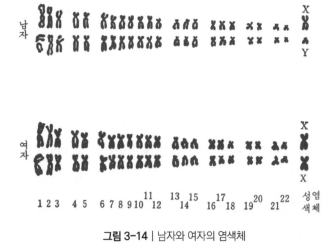

그림 3-14 | 남자와 여자의 염색체

다. 그리고 사람의 염색체 수가 46개라고 최종적으로 확정된 것은 1956년이 되고서이다. [그림 3-14]와 같이 남성과 여성에서는 성(性)염색체가 달라진다. 즉 남성은 XY인데 여성은 XX로 배열한다. 거꾸로 말하면 이 X, Y의 배열에 의해서 남녀의 성별이 결정되는 것이다.

그런데 염색체가 DNA를 중심 성분으로 하는, 즉 유전자의 집단이기 때문에 염색체에서 이상이 관찰되면 자손 대대로 유전적인 결함이 생긴다는 사실이 알려져 있다. 거꾸로 유전병이나 기형 등의 선천이상(先天異常)이라 일컬어지는 사람의 염색체를 조사해 보면 수나 형태에서 이상을 관찰할 수 있다는 것도 알려졌다. 이것은 염색체를 검사하는 기술이 최근에 비약적으로 향상된 덕택이다.

1866년에 영국의 다운(John Langdon Down, 1828~1896)은 머리가 짧고 판판한 얼굴, 납작한 코, 둥글고 작은 귀, 치켜 올라간 눈과 짧은 손가락을 가지며 심장이나 생식기에 고장이 있고 지능이 낮은 등등의 증상을 가진 유전병에 대해서 처음으로 손을 댔다. 이것이 다운증후군이라 불리는 유전병인데 출현 빈도는 500~600명 중에서 한 사람꼴이라고 한다. 1959년이 되어 프랑스의 르준(Jérôme Lejeune, 1926~1994)이 유전병 환자의 염색체 수가 정상적인 사람보다 1개가 더 많은 47개라는 것을 발견했다.(그림 3-15)] 이 발표가 계기가 되어 온 세계에서 유전병과 염색체의 관계를 연구하게 되었다.

또 1938년에 의사 터너(Jonathan H. Turner, 1942~)에 의해서 최초로 기록된 일련의 유전병인 터너증후군 환자는 외관은 여성인데 아이

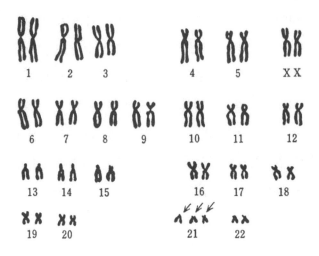

그림 3-15 | 다운증후군의 염색체

만 한 키밖에 안 되고 난소(卵巢)가 거의 없으며 월경이 없고, 목이 짧은 데다 피부가 묘하게도 뻣뻣하며 팔이 곧장 뻗어지지 않고, 난청이나 지능에 이상이 있다고 한다. 1959년에 포드(Charles Edmund Ford, 1912~1999)가 이런 환자의 염색체를 조사해 보았더니 수가 45개밖에 없었다. 내역을 살펴보면 22쌍의 상(常)염색체와 1개의 X염색체로써 이루어져 있다는 것을 알 수 있다. 즉 정상적인 XX형인 여성과 비교하면 터너증후군인 여성은 XO형이고 성염색체가 1개 적은 이상형이라고 말할 수 있다.(그림 3- 16(b))

또 하나 클라인펠터(Harry Fitch Klinefelter Jr. 1912~1990)가 기록한 성염색체 이상에 의한 유전병, 즉 클라인펠터 증후군의 예를 들자. 이 환자는 외관상으로는 보통 남성과 같으나 고환의 발육이 온전하지 않아서 작고 정자(精子)를 만들지 못한다. 유방이 크거나 지능이 낮거나 한다. 염색체 수는 47개로 정상보다 1개가 더 많고 22쌍의 상염색체와 2개의 X염색체가 있으며 그 밖에 1개의 Y염색체가 있다. 즉 유전자 XY형의 남성에 비해서 X염색체가 1개 더 많다.(그림 3-16(a))

이처럼 염색체의 수가 하나 더 많거나 적거나 하는 것을 원인으로 선천성 이상이 일어난다. 수가 같더라도 염색체의 형태가 하나 또는 둘에 이상이 있다면 유전병의 원인이 된다는 것도 알게 되었다. 이것은 발생의 출발점인 수정란 속의 염색체 이상이 원인이라는 게 확실하다.

염색체 이상이 인간에게 불행한 질병을 가져다준다는 것을 알았다. 그렇다면 변이원은 염색체에 어떤 작용을 할까?

변이원의 대부분은 사람을 포함해서 포유동물의 염색체에 다음과 같은 여러 가지 형의 이상을 일으킨다는 것을 알고 있다.

세포분열 전에 한 쌍의 염색체는 2개로 갈라진다. 이때 어떤 원인으

(a) XXY   (b) X

그림 3-16 | 터너, 클라인펠터 증후군의 성염색체

로 한 쌍이 분리되지 않은 채 그대로 한쪽 극(極)으로 이동한다. 따라서 새로 생긴 2개 세포 중 한쪽은 염색체 수가 정상보다 많고 한쪽은 적게 되어 버리는 셈인데, 이것을 비분리(非分離)라고 한다. 또 염색체의 일부 가 절단되는 것은 결실(缺失)이라 부른다.

다음에는 그 절단된 염색체 조각이 다른 염색체에 결합하는 전좌 (轉座(位))라는 이상도 있다. 마찬가지로 절단된 염색체의 일부가 본래 의 자리로 돌아올 때 잘못해서 거꾸로 앉아 버리는 경우인 역위(逆位)라 는 것도 있다.

염색체 수가 2배나 3배(배수화)가 되는 일이 있다. 이렇게 염색체 수 에 이상이 있는 경우엔 심한 기형이 되는데 대부분 유산되고 만다. 이 리하여 정상적인 것과 이상 염색체가 혼합된 집단을 모자이크(mosaic) 라고 한다.

유전자에 대한 변이원의 작용 중 DNA의 염기 하나 또는 일부를 변 화시키는 것이 있는데 이것을 작은 상처라고 부른다. 이것에 대해 염 색체의 이상을 일으킬 만한 변화를 가리켜 큰 상처라고 말한다. 변이 원이 염색체 이상을 일으키는 것을 역이용하는 변이원 검출 방법이 고 안되고 있다.

사람, 쥐, 원숭이 등의 임파구나 골수세포, 생식세포의 염색체를 몇 시간에서 며칠간 시험관 속에서 변이원을 작용시켜 앞에서 말한 이상 을 현미경을 통해 관찰하는 방법이다.

그러나 시험관 안은 생체 안과 비교해서 대사계에 커다란 차이가 있기에 쥐나 생쥐에게 화학물질을 주사하고 몇 시간 내지 며칠이 지난 뒤 골수세포를 끌어내어 그 염색체를 관찰하는 방법도 제안되고 있다. 다만 이 방법에서는 한 가지 화학물질을 시험하기 위해 순종계통의 같은 주령(週齡)의 쥐나 생쥐가 많이 필요하게 된다. 이 때문에 설비나 경비가 엄청나게 든다. 그러므로 1차적인 시험으로는 보다 경제적이며 간단한 시험관 안에서 작용시키는 방법이 사용되어야 할 것이다.

고등전술

세균에 의한 방법, 염색체 이상의 관찰에 의해서 비교적 손쉬운 선별 과정을 통해서 용의점을 좁혀갈 수가 있다. 다음 단계에서는 더 결정적인 증거를 들이댈 필요가 있다. 그것을 위한 고등전술이 여러 가지 생각되고 있다. 고등전술을 위해서는 특수한 기술이나 기계가 필요한 일이 많아 비교적 경비가 든다. 그러나 이것은 용의자로 하여금 진상을 고백하게 하기 위한 최후의 수단이기에 다소의 인력이나 경비를 쏟아 넣어야 할 것이다.

베이츠만(Beitchman)은 쥐나 생쥐가 변이원에 의한 염색체 이상에 의해서 유산을 일으키는 사실에 착안했다. 숫쥐에게 시험하려는 화학물질을 주사하고 1~3주 사이에 이러한 화학물질에 접하지 않은 암컷과 교배시킨다. 그리고는 임신 10~12일 후에 배를 자르고 죽어 있는 태아(胚子라 한다)를 세어 보면 된다. 이것을 우성치사법(優性致死法; dominant lethal test)라 부른다.

포유동물을 사용하는 돌연변이시험 중에서는 비교적 간단한 것이라고는 하지만 DNA에 작은 상처밖에 주지 못하는 아질산염이나 5-브로모유라실(5-bromouracil; 5BU) 등은 이 수사망에 잘 걸려들지 않는다는 결점이 있다.

러셀(W. L. Russell)에 의해서 개발된 방법으로 특정좌위법(特定座位法; special locus test)이라는 것이 있다. 먼저 암쥐의 일정한 유전자에 의해서 생기는 열성(劣性) 돌연변이를 결정해 둔다. 열성이기 때문에 외관상으로는 나오지 않는다. 수컷에는 변이원을 접종해서 작용시킨 다음에 교배시킨다. 그런 다음에 새끼들에게 나타나는 열성형질(劣性形質)을 조사하는 방법이다.

이 두 가지 방법을 이용하면 거의 안정된 결과가 얻어진다. 이것은 1970년 11월, 워싱턴에서 열렸던 의약품과 기타 화학물질의 변이원성과 평가에 관한 회의에서 유용하다는 평가를 받았다.

또 포유동물의 세포를 시험관 안에 배양해 두고 이것에다 약품을 작용시켜 배양세포의 돌연변이를 조사하는 방법도 생각할 수 있다. 아직은 개발 단계에 있기는 하나 이것이 확립되면 비교적 간단한 고등전술로서 유용해질 것이다. 지금까지 소개한 변이원 시험법의 경제성 등을 [표 3-5]에서 비교해 보았다.

시험법	노력	실험실의 크기	시간	설비
1. 세균의 변이 유발 실험 및 DNA 수복 실험	1	1	1	1
2. 세균에 의한 숙주경유법	3	4	2	4
3. 세포유전학 분석 (염색체 이상 검출)	3	4	4	4
4. 우성치사법	5	5	6	4
5. 포유동물 세포의 돌연변이	5	2	6	2
6. 포유동물 세포의 숙주경유법	6	6	6	4
7. 특정좌위법	10	10	10	10

표 3-5 | 변이원 시험법의 경제성

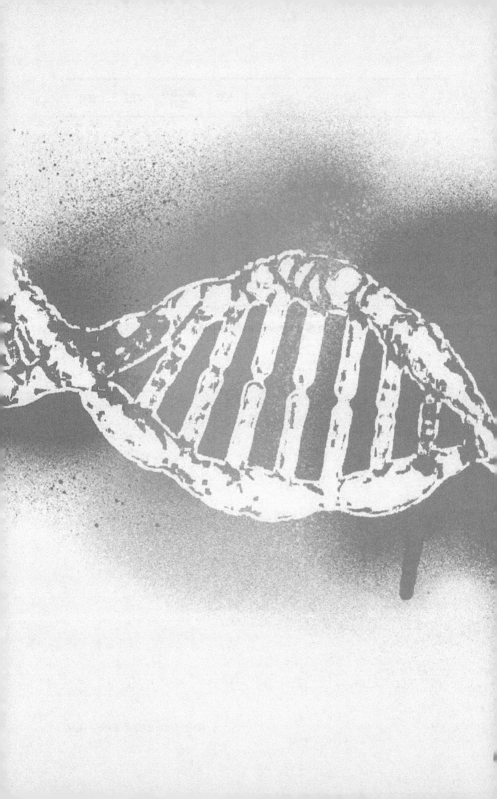

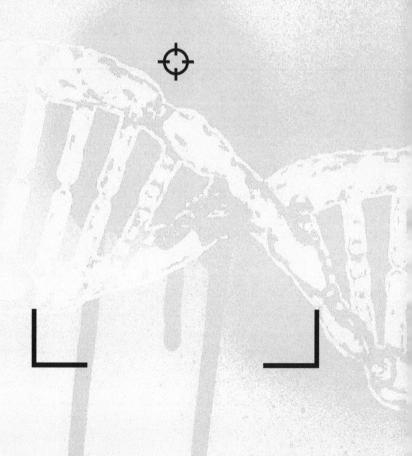

제4장

신변에 밀어닥치는
위험

1. 환경오염 속으로

대기오염

태평양 한가운데 산호초에 둘러싸인 섬 블루 하와이……. 바야흐로 이 섬은 뭇사람들의 별장지가 된 느낌이 있다. 파도 소리, 야자열매, 산들바람 게다가 싱그러운 공기……. 그것들에게 이별을 고하고 점보제트기(jumbo jet)는 일본의 도쿄 상공으로 접어드는데, 하늘에서 내려다보이는 일본의 하늘은 온통 희끄무레한 잿빛으로 감싸여 있다. 스모그이다. 그리고 이 하늘 아래 1억 남짓한 일본 사람이 생활하고 있으며 나리타의 국제공항에 내린 그날부터 이 스모그 아래서의 생활이 시작된다.

대도시에 사는 사람은 시골 사람들과 비교해서 보다 많은 문화 혜택을 입을 수 있다. 그러나 또 동시에 그 「문화」가 가져다주는 오염된 공기, 스모그를 호흡하며 살아가지 않으면 안 된다.

자동차의 대중화는 일본의 대기오염을 한층 심각한 상태로 몰아넣었다. 광화학(光化學) 스모그 주의보가 대도시는 물론 중소 도시에까지 나가게 되었고, 학교에서는 운동장에서 체육조차 못 하게 되기도 한다. 이 상태는 마치 어항 속에서 금붕어가 숨을 몰아쉬고 있는 것처럼 보이기도 한다. 우리는 말하자면 말기적 증상에 차츰차츰 마비되어 버린 것 같다.

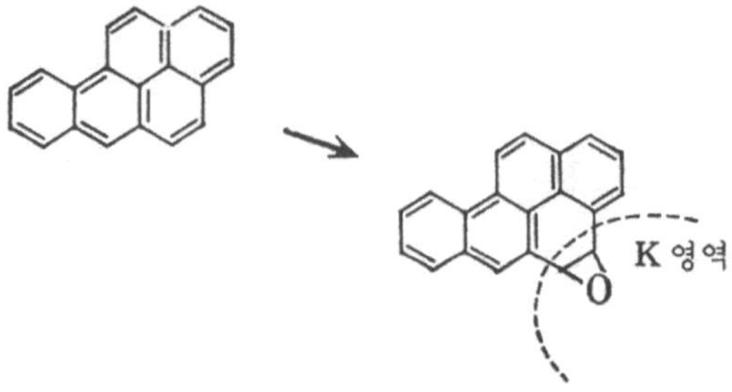

그림 4-1 | 3-4 벤조피렌(좌), 3-4 벤조피렌의 대사(우)

대기오염이 천식 등의 호흡기 계통 질환을 일으킨다는 것은 잘 알려진 사실이다. 그러나 이것의 유전적 영향에 대해 생각한 적이 있을까? 사실 대기오염 중에는 증거가 확실한 유전독물이 몇 가지가 있다.

가장 잘 알려진 것은 3-4 벤조피렌(benzopyrene)이라는 물질이다. 분자구조는 [그림 4-1]과 같이 벤젠고리(육각형의 이른바 거북등) 5개가 결합한 형식을 취하고 있다. 얼마나 기묘한 형식인가? 이와 같이 고리(ring)가 몇 개나 결합된 형의 탄화수소를 총칭해서 다환(多環)탄화수소라 일컫는다. 다환탄화수소 속 몇몇에는 유전독성이 있다는 것을 알고 있는데, 그중에서도 이 3-4 벤조피렌은 강한 유전독성을 가졌다. 이 물질은 동시에 발암물질로서도 유명하다. 도대체 어떻게 해서 이와 같은 거북등이 5개가 연결된 화합물이 이런 작용을 나타내는 것일까?

플만은 몇몇 다환탄화수소의 분자구조와 발암성의 관계에 대해서 조사했다. 그것에 따르면 [그림 4-2]와 같이 발암성 다환탄화수소가 되

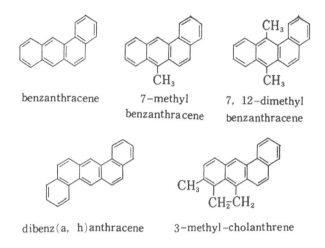

benzanthracene   7-methyl   7, 12-dimethyl
benzanthracene   benzanthracene

dibenz(a, h)anthracene   3-methyl-cholanthrene

그림 4-2 | 발암성 다환탄화수소

기 위해서는 무엇인가 일정한 정해진 구조가 있는 듯했다. 그는 이 화합물의 원자 주위에 분포해 있는 전자(電子)의 상태와 관계가 있을 것이라고 확신했다.

그리고 이 분자에는 K 영역(암을 뜻하는 krebs의 K)이라 불리는 반응성이 많은 부분이 있는데, 이것이 있으면 발암성이 강해진다는 것을 규명했다. 또 이 부분은 앞에서 말한 대사활성화에 의해서 에폭시드(epoxide)형이 되고, DNA의 어떤 종류의 염기와 특히 반응하기 쉽다는 것도 보고되었다. 이와 같이 3-4 벤조피렌은 발암성 물질로서 일찍부터 주목되었고 그 기구가 어느 정도는 해명되어 왔었다.

최근에 와서 유전독성 연구도 활발하게 이루어지게 되었다. 그것에

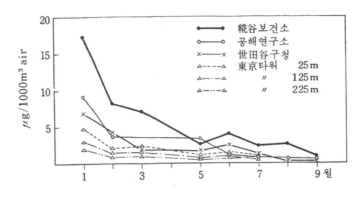

그림 4-3 | 3-4 벤조피렌 농도의 월별 변화(1973, 동경공해연구소)

의하면 이 물질도 또한 DNA 사슬에 「끼어들어」 그 결과로 「구조 이동」 형식의 돌연변이를 일으킨다는 것이 확인되었다.

3-4 벤조피렌의 대기오염 농도는 이를테면 일본 도쿄의 1973년 기록에 따르면 [그림 4-3]과 같이 되며 겨울철에는 최대 $17\mu g/1,000m^3$에까지 다다르고 있다. 대도시에 사는 사람들은 나날이 일정량의 3-4 벤조피렌을 공기와 함께 흡입하고 있는 것이다. 이 물질이 암이나 유전병의 발생률에 아무런 영향이 없으리라는 보증이 어디에 있는가?

3-4 벤조피렌은 석유의 연소에 수반해서 대기로 방출되는 것인데 최근에는 도처에서 얼굴을 내밀고 있다. 1975년 초등학생들의 급식에 첨가되고 있던 합성 L-리신(lysine)이 문제화된 적이 있었다. L-리신 그 자체는 아미노산의 일종이므로 영양소로서 합리적으로 배합되어 있다면 적어도 나쁜 영향은 없을 것이다.

그러나 이 합성 L-리신의 원료가 석유이기 때문에 이 속에 미량으로 함유된 3-4 벤조피렌이 의심받는 것이다. 또 인간의 장래의 단백질원으로서 개발된 석유단백에도 3-4 벤조피렌이 함유될 우려가 있다. 그렇기 때문에 그 사용에 있어서는 발암의 우려와 동시에 장기간의 사용에 의한 유전독성 문제에 대해서도 충분한 검토가 있어야만 할 것이다.

위험한 다환탄화수소는 3-4 벤조피렌만이 아니다. 역시 대기오염 속에 함유되는 것으로는 벤즈안트라센(benzanthracene)이나 3-메틸콜란트렌(methyl-cholanthrene, 그림 4-2) 등이 있다. 이것들은 3-4 벤조피렌과 마찬가지로 작용해서 DNA에 상처를 준다고 되어 있다.

다환탄화수소 말고도 대기오염 중에서 주목해야 할 것은 알데히드(aldehyde) 화합물이다. 알데히드라는 것은 알코올(R-OH)과 유기산(R-COOH)의 중간적 화합물(R-CHO)이다. 이 중간적 존재는 반응성이 높고 생체에 여러 가지 해로운 작용을 일으킨다. 예를 들면 중추신경에 대한 마취 작용이나 점막에 대한 자극 작용이다.

알데히드화합물의 대표적인 것에는 포름알데히드(formaldehyde)가 있다. 아우어바흐(F. Auerbach)가 초파리에서 이 물질에 대한 돌연변이성을 발견했다. 또 우리 연구실에서는 대장균에 있어서도 돌연변이를 일으킨다는 것을 발견했다. 포름알데히드가 DNA에 어떤 상처를 주는가에 대해서는 아직 잘 모르고 있으나 나는 DNA에 배열해 있는 아데닌과 아데닌을 결합하는(크로스 링크) 것이 아닐까 추측하고 있다.(그림 4-4)

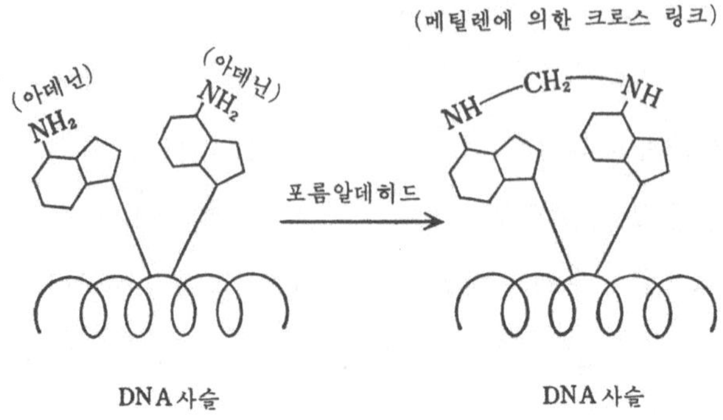

그림 4-4 | 포름알데히드

포름알데히드에 소량의 알코올을 넣은 것을 포르말린(formalin)이라
하는데 포르말린은 주변에 이미 나돌고 있으므로 친숙해져 있다. 백화
점의 의류품 판매장이나 프리패브(prefabricated house의 준말, prefab)의
새로 지은 방에 들어서면 눈과 코를 강하게 자극해서 눈물이 찔끔 나오
는 일이 있을 것이다. 그것은 포르말린이 의류품의 표백이나 방축(防縮)
에 다량으로 사용되거나 새 건축재료의 가공에도 흔히 사용되고 있기
때문이다.

포름알데히드 이외에도 위험한 알데히드화합물이 많다. 광화학 스
모그 속에서 특히 눈을 자극하는 아크롤레인(acrolein)도 알데히드화합
물의 일종으로 역시 유전독성이 인정된다.

일반적으로 알데히드는 체내에서 급속히 분해되어 독성을 상실한다
고 한다. 그러나 분해하는 과정에서 DNA에 반응해서 상처를 줄 우려

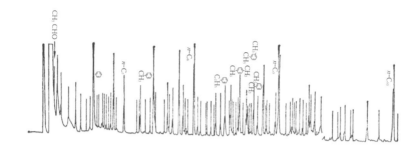

그림 4-5 | 배기가스의 분석

도 충분히 있다.

대기오염에서 다환탄화수소와 알데히드를 예로 들었으나 이것은 아주 일부의 예이다. 대기오염의 주범으로 지목되는 자동차의 배기가스를 가스 크로마토그래프로 분석한 예가 있다.(그림 4-5) 그림과 같이 약 200 정도의 피크가 생기는데 1개의 피크는 1개의 탄화수소에서 유래되고 있다. 이 중 절반인 약 100종은 이미 알려진 물질이지만 나머지 약 100종은 아직 미지의 탄화수소이다. 이 중에도 몇몇 강한 유전독물이 숨겨져 있을 우려가 충분하다고 하겠다.

수질오염

일본은 산수(山水)가 수려하여 경치가 뛰어나다고 자랑한다. 골짜기를 흐르는 시내나 전원을 흐르는 강, 국토를 둘러싼 해안의 백사장 이것들은 고대로부터 노래나 시로 읊어지고 찬양되어 왔다. 수산물이 풍부한 것도 큰 자랑거리이다.

「나라는 망했어도 산하가 있다」라는 말이 있는데 전후의 일본 민족은 마치 사람들이 달라진 것처럼 산과 강, 바다를 계속 더럽혀 왔다. 가정과 공장에서 배출되는 더러운 물은 어쩔 수 없는 수질오염 현상이 되어 나타났다. 도처의 하구와 만(灣)에는 밀려온 오니(汚泥, sludge)가 쌓이고 내해(內海)는 기름으로 오염되었으며 크고 작은 하천의 오염도 이제 피부로 느끼게 되었다.

본래 바다나 강은 거기에 사는 미생물들이 유기물을 분해하는 작용을 했기 때문에 자연의 자정(自淨) 작용을 가지고 있었다. 그러나 미생물의 작용에도 한도가 있다. 더군다나 분해되기 힘든 새로운 성질을 지닌 화학물질에는 미생물인들 당해낼 방법이 없다.

죽음의 바다를 되살리자. 오염된 강을 소생시키자는 시민들의 운동이 열매를 맺어 일부 하천에는 자취를 감췄던 물고기가 되돌아왔다고 신문은 보도한다.

그러나 이 책이 문제로 삼는 변이원의 위험성이란 것은 결코 이처럼 오감(五感)으로써 느껴질 만한 농도의 오염이 아니다. 오히려 중독 따위의 신체적 작용이 전혀 일어나지 않을 만한 희박한 농도에 오랫동안 노출되는 것이 도리어 위험한 것이다.

최근 각지의 낚시꾼들 사이에 기형어가 자주 잡히는 것이 화젯거리가 되고 있다. 그중 일부가 사진과 함께 신문에 보도되기도 한다. 지느

그림 4-6 | 기형 물고기

러미나 뼈에 이상이 있는 괴기한 모습의 은어나 붕어, 색소 이상을 일으켜 빛깔이 몹시 바래진 하얀 모래무지와 가자미, 궤양으로 흉측하게 변형된 메기나 모래무지의 모습을 보고 당신은 우리 인간 미래의 모습을 연상하지는 않을까?

기형어(奇形魚)의 원인물질이 무엇인가에 대해서는 아직도 잘 모른다. 몇몇 종류의 오염물질이 조합되어 복잡하게 작용한 결과라고 생각된다.

의심이 가는 물질 중의 하나로 합성세제가 있다. 당신은 하천이 막혀 고인 데서 대량의 거품이 부글부글 발생하고 있는 것을 본 적이 있는가? 저 거품의 원인은 가정의 부엌이나 세탁기 따위에서 흘러 나간 합성세제이다. 합성세제의 주성분은 계면활성제(界面活性劑)라 불리는 것인데 알킬벤젠술폰산나트륨(alkyl benzene sodium sulfonate ; ABS)이니 트리폴리인산나트륨(sodium tripolyphosphate) 등이다. 이것들은 기름과 물을 중화해서 혼합하기 쉽게 만들며 이 작용에 의해 의류나 유리기구의 때가 씻겨진다.

합성세제가 인간에게도 기형을 유발하는지 어떤지에 대해서는 오랫동안에 걸친 논쟁이 있었으나 아직껏 흑백이 가려지지 않았다. 변이원성이나 발암성도 현재로서는 부정되고 있다. 그러나 합성세제 성분의 작용 성질로부터 생각하면 다른 화학물질이 생체의 세포막을 통과하는 것을 도와주는 것은 아닐까? 이를테면 변이원이 DNA에까지 도달할 수 있도록 도와준다. 말하자면 협력자가 아닐까 하는 의혹이다.

이와 같이 물질 A와 물질 B가 서로 협력해서 독성을 발휘하거나 강화하는 것을 공변이원성(共變異原性)이 있다고 한다. 즉 합성세제는 다른 변이원과의 공범일 의심이 있다는 셈이다.

공변이원성이 확인된 예는 아직 적다. 그러나 이와 같이 수많은 화학물질에 둘러싸인 환경에서는 지금까지의 우리 지식으로는 아직 생각해 낼 수 없는 반응이 반복되고 있다고 염두에 두어야 할 것이다. 복잡한 반응계 속에서 변이원은 그 독성을 약화하거나 반대로 강화하거나 하는 것이다.

합성세제 외에도 수질오염을 가져온다고 경고되고 있는 것이 많다. PCB(폴리염화비페닐, polychlorobiphenyl)나 프탈산 에스테르(phthalic ester) 등 현대의 화학공업이 낳은 물질에 의한 오염과 가공할 중독에 대해서는 아직도 새롭다.

암모니아성 질소 아질산성 질소 }	동시에 검출되어서는 안 된다
질산성 질소	10ppm 이하
염소 이온	200ppm 이하
유기물 등	10ppm 이하
일반 세균 수	1cc 중 100 이하
대장균군	500cc 중 검출되면 안 된다
시안(화합물)	검출되면 안 된다
수은	검출되면 안 된다
유기인	검출되면 안 된다
구리	1.0ppm 이하
철분	0.3ppm 이하
불소	0.8ppm 이하
납	0.1ppm 이하
아연	1.0ppm 이하
크롬	0.05ppm 이하
비소	0.05ppm 이하
망간	0.3ppm 이하
페놀류	0.005ppm 이하
총 경도	300ppm 이하 탄산칼륨으로써
수소 이온 농도	5.8~8.6
냄새	이상이 있어서는 안 된다
맛	이상이 있어서는 안 된다
색도	5도 이하
탁도	2도 이하
증발잔류물	500ppm 이하
ABS(알킬벤젠술폰산나트륨) 음이온 계면활성제	0.5ppm 이하
유리잔류염소	0.1ppm 이하

표 4-1 | 수돗물의 수질 기준(일본)

고농도로 일어나는 중독 등의 생리적 영향은 접어두고라도 저농도에서도 걱정되는 변이원성은 또 어떨까? 현재 이들에서는 변이원성이나 발암성이 확인되고 있지 않지만, 요주의 물질로써 리스트에 올려둘 필요가 있다.

수질오염으로 지금까지 커다란 사회적 비극이 되어 세계에 공해 일본으로 이름을 떨치게 한 것에 중금속이 있다. 유기 수은중독인 미나마타병(水俣病), 카드뮴에 의한 이타이이타이병("이타이"란 아프다는 일본말)이다. 공장의 폐수가 가져온 이들 증상의 비참함은 큰 충격이 되었다.

금속에 의한 중독은 예로부터 금속독(金屬毒)이라 하여 광산이나 채광장에서 공포의 대상이 되어 왔다. 일종의 직업병으로 인식되고 그것에 대한 보고도 많다. 그러나 대부분의 보고나 연구는 원인으로써의 금속과 그 결과로 인한 증상에 대한 기록에서 그쳤다.

그러나 농도가 중독에까지 이르지 않았을 뿐 금속에 의한 오염이 일본 전국에 퍼졌을 우려가 충분히 있다. 이 경우의 유전독성은 어떠할까? 실은 이 문제에 관해서는 지금까지 연구된 것이 거의 없었다. 중금속의 변이원성에 주목하고 우리 연구실이 연구를 시작한 것은 불과 몇 해 전인 1973년부터였다.

중금속에 주목
1973년 4월, 나는 4년간에 걸친 미국에서의 연구 생활을 마치고 교토(京都)의 도시샤(同志社)대학에 부임했다. 교토의 옛 궁성과 강 하나를 사이에 두고 있는 캠퍼스는 붉은 벽돌로 통일되어 있어 궁성의 우거진 푸른 숲과 아름다운 대조를 이루고 있었다.

대학의 창설자인 니이지마(新島襄)가 그리스도교적 양심을 표방하여 1875년에 설립한 이 대학은 100주년을 앞두고 있었다. 오랜 전통에 떠받쳐진 관서(關西) 지방의 명문교였다.

그러나 이때 캠퍼스는 공학부를 중심으로 크게 뒤흔들리고 있었다. 「독물 방류(放流) 사건」이 때문이었다. 캠퍼스 중심부에 있는 광장에는 공학부장과 화학 계통 주임교수들이 마치 피고처럼 단상에 늘어서서 학생들의 규탄을 받고 있었다. 오랜 시간에 걸쳐 공학부의 실험실로부터 실험 폐수를 외부로 계속 흘려보내고 있었던 것이 교토의 하수를 비롯해 마침내는 세토 내해(瀬戸内海)의 오염을 가져온 원인의 일단이 되었다는 것이었다.

그리고 이 규탄은 오염 원인의 범인을 추궁하는 동시에 이 문제에 대한 교육기관으로서의 책임을 추궁하기도 했다. 이런 종류의 사건은 도시샤대학뿐만 아니고 그 당시 일본의 전국 대학에서 있었다. 그리고 이런 규탄을 받은 뒤에야 차츰 각 대학에서는 실험 폐수 처리시설을 설치하게 되었다.

캠퍼스에서는 교수와 학생 간의 공박이 절정에 이르러 실험실에서 나오는 폐수에 대한 분석자료를 바탕으로 격렬한 추궁이 이루어졌다. 이 분석은 주로 금속화합물에 대해서 행해졌다. 생각해 보면 아직 내가 학생이던 시절부터, 아니 훨씬 옛날부터 화학실험실에서는 금속류를 비롯한 유독 폐액을 아무 거리낌도 없이 하수구로 흘려보내고 있었다. 아마 세계의 모든 실험실에서도 이 같은 일이 행해지고 있었을 것이리라. 이처럼 대학에서의 화학 교육에 대한 자세가 기업에 의한 수질오염을 낳게 했다고 말할 수 있을 것이다.

수은에 의한 미나마타병, 카드뮴에 의한 이타이이타이병처럼 중금속과 질병의 인과관계는 각종 동물 실험 등을 통해서 거의 밝혀졌다.

그러나 이상하게도 그 독성의 메커니즘에 대해서는 지금까지 거의 연구가 없었던 것도 사실이다.

금속은 인체의 어느 조직에 어떤 경로로 침입해서 어떤 화학구조를 취하면서 세포의 어느 분자에 어떻게 작용하는가, 그리고 미량의 금속이 장기간에 걸쳐 섭취되면 유전독성은 어떻게 되는 것일까?

나는 이런 일들이 전혀 해명되지 않았다는 사실을 알아챘다. 그리고 금속화합물의 유전독성에 대해 연구할 필요가 있다고 생각했다. 즉 금속이 DNA에 상처를 주는지 어떤지를 관찰하는 실험을 하는 것이다. 곧 연구에 착수했다. 방법은 미생물을 이용해 DNA 수복실험과 변이유발 실험을 하는 것이다.

독물 방류 사건은 며칠 동안이나 계속되었다. 학생들의 소리가 스피커를 통해서 실험실 안에까지 들려왔다. 그 소리를 들으면서 하는 실험은 정말로 소 잃고 외양간 고치기와 같아서 쓴웃음을 금할 수가 없었다. 그러나 어쩐지 실전적(實戰的)인 기분에 잠길 수 있어 과학자로서는 근사한 순간이었던 것을 회상한다.

AgCl	–	K₃[Fe(CN)₆]	–	Pb(CH₃COO)₂	–
AlCl₃	–	K₄[Fe(CN)₆]	–	PbCl₂	–
AsCl₃	+	HgCl	–	RuCl₂	–
NaAsO₂	+	HgCl₂	–	RhCl₂	–
Na₂HAsO₄	++	CH₃HgCl	+	RuCl₃	–
BaCl₂	–	CH₃COOHg-C₆H₅	+	K₂SeO₃	+
BeCl₂	–	LaCl₃	–	K₂SeO₄	+
BiCl₃	–	LiCl	–	SbCl₃	–
CdCl₂	+	MgCl₂	–	SbCl₅	–
Cd(NO₃)₂	–	MnCl₂	+	SnCl₂	–
CeCl₃	–	Mn(NO₃)₂	+	SnCl₄	–
CoCl₂	–	MnSO₄	+	Na₂SnO₃	–
CuCl	–	Mn(CH₃COO)₂	+	TbCl₃	–
CuCl₂	–	KMnO₄	–	TeCl₄	–
CrCl₃	–	MoCl₅	–	K₂TeO₄	+
CsCl	+	K₂MoO₄	+	Na₂H₄TeO₆	+
K₂CrO₄	++	(NH₄)₆Mo₇O₂₄	++	ThCl₄	–
K₂Cr₂O₇	+++	NbCl₅	–	TlCl	+
FeCl₂	–	NiCl₂	–	ZnCl₂	–
FeCl₃	–	PbCl₂	–		

표 4-2 | 금속화합물의 변이성

먼저 실험실의 약품 선반을 발칵 뒤집어서 있는 금속화합물을 모조리 끌어모았다. 그러고는 여러 곳의 실험실을 찾아가서 머리를 조아리며 되도록 많은 금속화합물을 수집했다. 그 수가 약 60종이나 되었다. 이 샘플들에 대해서 대장균으로 DNA 수복 테스트와 변이 유발 테스트를 반복해서 완성된 것이 [표 4-2]이다. DNA에 상처를 주는 작용이나 돌연변이를 일으키는 작용이 강한 것은 +의 수로 표시되어 있고 -는 그와 같은 작용이 없는 것이다.

그리고 비소(Arsenic), 카드뮴(Cadmium), 크롬(Chromium), 수은(Mercury), 몰리브덴(Molybdenum), 망간(Manganese), 셀레늄(Selenium), 텔루르(Tellurium), 타륨(Thallium) 등의 화합물이 변이원의 용의자로 떠올랐다. 모두가 공해금속으로 악명 높은 것들뿐이다.

비소화합물은 모리나가(森永) 비소 분유 사건으로 문제가 되었다. 수많은 유아가 비소중독에 걸리는 비참한 결과를 가져왔다. 최근에야 겨우 환자와 메이커 사이에서 조정에 의한 화해를 보았으나 그렇다고 해서 유전적인 영향까지가 보상된 것은 아니다.

이 테스트에서 제시되었듯이 비소가 유전자에 작용하는 것이라고 하면 자손에게는 어떤 영향으로 나타날까? 이것에 대해서는 아직 아무것도 모른다. 비소는 인(phosphorus)과 유사한 원자구조를 가졌다. 때문에 인산 대신 비산(arsenic acid)이 DNA 사슬에 섭취될 가능성이 있다는 게 나의 가설이지만 아직 확인되지는 않았다.

일본의 도야마현(富山蘇) 진즈강(神通川) 유역의 주민이 이타이이타

그림 4-7 | 공장 부지에 세운 단지의 지하에 6가 크롬이!

이병에 걸린 것은 최근의 일이다. 카드뮴에 오염된 쌀을 먹은 것이 원인이라고 하는 설과 이것에 대립하는 주장이 있어 아직 인과관계가 100% 확실하지는 않다고 말한다. 그러나 카드뮴이 DNA에 작용할 우려도 있고 그 밖에 염색체 이상을 일으킨다는 것도 보고되었다.

크롬화합물이 DNA에다 가장 강하게 상처를 준다는 것이 우리의 실험 결과를 통해서도 인정되었다. 크롬화합물에는 원자가(原子價; 원자와 원자를 결합하는 손)가 6가(價)인 것과 3가인 것이 있다. 그리고 이상하게도 6가 크롬에는 이 현상이 강하고 3가 크롬에는 전혀 없었다. 이 결과는 1973년 9월에 있은 일본 환경변이원 연구회에 발표했으나 그 당시에는 거의 주목을 끌지 못했다.

1975년 여름, 크롬을 채광한 폐기물 처리가 불완전했기 때문에 주민들이 크롬중독에 걸리는 예가 연달아 발생했다. 그리고 크롬을 다루고 있는 공장 종업원 사이에 비중격천공(鼻中隔穿孔, 콧속의 중앙에 있는 종벽에 구멍이 뚫리는 병)이 빈번히 발생하고 있다는 사실이 새삼 확인되었다. 그리고 이때부터 나의 신변은 갑자기 바빠지기 시작했다.

6가 크롬이 어떤 방법으로 DNA에 상처를 주는가에 대해서는 현재 연구 중에 있다. 지금까지 대학의 화학실험실 등에서는 유리 기구를 세척하기 위해 6가 크롬의 황산 용액을 대량으로 사용해 왔다. 앞으로는 이 크롬황산을 대신할 안전한 세척액으로 바꿔야 할 것이다. 몰리브덴은 크롬과 유사한 원자구조를 가졌으며 약하기는 하나 같은 반응을 보인다.

수은화합물이 미나마타병을 일으켰다는 것은 이제 확고부동하다. 바닷속 어패류(魚貝類)의 체내에 농축된 수은의 양은 우리가 상상했던 것 이상이었다. 메틸수은 등 유기성 수은에는 강한 생리적 독성이 있는데 유전독성도 강하다고 생각된다.

망간(Mangan)화합물의 유전독성은 금속 중에서는 지금까지 비교적 잘 연구되어 왔다. 식물이나 동물의 염색체에 이상을 일으킨다고 알려져 있다.

본래 모든 금속은 지구의 성분이었다. 이 지구에 태어난 생명에게 있어서 극히 미량의 금속은 생명 유지에 필수적인 것이었다. 그러나 그것은 극히 미량인 데서 의미가 있었던 거였기에 공업적으로 사용되고 대량이 환경에 살포된다면 당연히 생명에 위협이 될 수도 있을 것이다.

2. 식품과 화장품 속으로

식품 첨가물의 배경

제1장에서 식품 첨가물로서의 AF2에 관해서 말했다. AF2는 전형적인 유전독물이며 제1급에 속하는 독성을 지니고 있었다. 사용된 곳이 일본에만 국한했었다는 특수성도 있고 해서 커다란 주목을 끌게 되어 유전독물이라는 것의 존재를 세상에 알리게 되었다.

그러나 식품 첨가물 중에서 유전독성이 의심되는 것이 과연 AF2뿐일까? 유통혁명(流通革命)이라고 하는 커다란 경제기구의 변화와 더불어 나타난 식품 첨가물은 필요악(必要惡)으로서 인정하지 않으면 안 되는 것일까?

최초의 식품 첨가물은 소금이었다고 생각된다. 인류는 오랫동안 소금 절임의 방법으로 생선과 고기류를 저장해 왔다. 현재의 식품 첨가물은 슈퍼마켓 등의 가게 앞에 진열할 수 있는 기간을 연장해 기업적 손실을 막으려는 것이 주목적이다. 게다가 판매 경쟁에서 이겨 나가기 위해 색깔, 맛, 형태 등 영양과는 관계없는 일을 강조하기 위한 첨가물이라는 점이 특징이다. 이러한 목적을 달성하기 위한 합성화학물질의 사용은 과연 부득이한 것일까?

식품 첨가물 중에서 유전독성이 가장 뚜렷한 것은 아질산염(nitrite)이다. 질산은 HNO_3의 분자구조를 가졌으나 아질산은 HNO_2로 산소가 하나 적은 구조를 하고 있다. 염(鹽: salt)이라는 것은 수소 대신 나트륨

(sodium)이나 칼륨(potassium)이 결합한 형으로 아질산나트륨($NaNO_2$)이니 아질산칼륨(KNO_2) 따위를 말한다.

「아질산염 따위의 들어 보지도 못한 것을 나는 먹고 있지 않다」라고 말할 사람이 있더라도 나는 믿지 않는다. 현대인은 좋든 싫든 인위적으로 첨가된 일정량의 아질산염을 음식과 함께 섭취하고 있다.

이 물질은 햄, 소시지 등 소나 돼지를 원료로 하는 거의 모든 육류제품에 포함되어 있다. 당신은 슈퍼마켓에서 육류제품을 살 때, 포장지 속의 꾸러미를 여러모로 살펴서 선택할 것이다. 그램당 얼마라는 값이므로 큰 것이 비싼 것은 뻔하다. 그렇다면 되도록 신선하게 보이는 것을 골라서 살 게 틀림없다. 소나 돼지가 도살되어 제품화되어서 가게에 진열될 때까지는 빠르면 24시간 늦을 때는 며칠씩이나 걸린다. 물론 그동안은 냉장고에 들어 있는 시간이 대부분일 것이다. 그러나 동물의 살코기를 이루고 있는 성분인 미오글로빈(myoglobin)은 산화하기 쉬워서 메트미오글로빈(metmyoglobin)으로 변화하면서 살코기는 갈색으로 변화한다. 이 변화는 몇 시간 사이에 일어난다. 상품으로서는 상해서 지저분해 보이고 도무지 식욕이 일으키지 않는 게, 보기에도 변질된 것을 알 수 있다.

얼핏 보아서 오래되어 보이는 상품을 사 갈 사람은 없다. 그래서 등장한 것이 아질산염이다. 아질산염은 미오글로빈을 산화하기 어려운 나이트로소미오글로빈으로 바꿈으로써 신선한 색깔을 그대로 유지시키는 작용을 한다.

그렇기에 당신이 선택하는 산뜻하고 아름다워 보이는 살코기의 육제품이 실은 아질산염을 듬뿍 함유하고 있는 것이다. 아질산염의 변이원성은 지금까지 초파리, 미생물, 쥐 등에서 확인되었다.

지금까지의 연구에 의하면 아질산염은 단백질의 아민(amine)과 반응해서 나이트로소아민을 만든다. 이를테면 아질산나트륨의 경우 다음과 같이 반응이 진행된다.

$$(C_2H_5)_2-NH + NaNO_2 \rightarrow (C_2H_5)-N-NO + NaOH$$

여기서 생긴 나이트로소아민이 유전독성을 보이는 것이다. 이 물질의 발암성도 보고되어 있다. 현재 일본에서 아질산나트륨의 허용값은 105ppm이다. 물론 이 농도로 처리되고 착색된 고기로부터 나이트로소아민이 검출되고 있다. 그러므로 지금이라도 당장 아질산염의 사용이 금지되어야 마땅할 터인데도 웬일인지 현재까지도 전 세계에서 당당히 사용되고 있다. 차라리 그것보다는 살코기의 색깔에 현혹되는 소비자를 교육하는 게 선결문제일지도 모른다.

아질산염 이외에도 사용이 허가되고 있는 식품 첨가물의 수는 많다.(표 4-3) 현재로서는 명확한 독성이 증명된 것은 아니나 가능하면 사용하지 않아야 할 것들이다.

아침	밥	방충제(piperonyl butoxide)
	된장국	품질 개량제(염화알루미늄), 보존료(dehydroacetic acid)
	김	착색료
	간장	보존료(안식향산 나트륨, P-oxybenzoic acid esters 등)
	조미료	글루타민산 나트륨(monosodium glutamate, sodium inosinate, sodium guanylate 등)
점심	빵	밀가루 개량제(benzoyl peroxide, potassium bromate 등) 이스트 푸드 중의 각종 무기염, 팽창제
	버터	보존료(dehydroacetic acid), 산화방지제(BHA, BHT, isoamyl gallate 등) 착색료, 강화제(Vitamin A, D)
	햄	발색제(아질산나트륨), 보존료(sodium sorbate, sorbic acid), 살균료, 산화방지제(erythorbic acid), 착색료, 착향료
간식	아이스크림	착색료, 인공감미료, 유화제, 식용색소
	청량 음료수	인공감미료, 착향료, 유화제, 유기산 보존료, 강화제
	껌기초제 (chewing gum)	가소제, 착향료, 착색료, 인공감미료, 안정제, 산화방지제
저녁	청주	보존료(salicylic acid), 품질개량제(염화알루미늄, 과망간산칼리)
	육류(고기)	발색제(아질산나트륨)
	두부	응고제(황산칼슘), 소포제(silicon resin), 살균료
	생선 말린 것	산화방지제(BHA, BHT 등)
	단무지	감미료, 착색료

표 4-3 | 누구나 여러 가지 식품 첨가물을 먹고 있다

나이트로소 화합물이 만들어진다

앞에서 아질산에 의해서 나이트로소아민이 만들어진다는 것을 말했다. 나이트로소아민은 나이트로소화합물의 일종인데, 이 일족에는 발암성이나 변이원성을 나타내는 것이 많다.

나이트로소화합물의 일족에 강한 발암성을 보이는 게 있다는 건 1953년, 영국의 마기(Peter N. Magee)가 나이트로소다이메틸아민(nitrosodimethylamine: NDMA)에서 발견했다. 그 후 현재까지 100종류 이상의 나이트로소화합물에 대해 발암성이 조사되었는데 그중 80% 이상이 양성이다. 변이원성에 대해서도 거의 같은 결과가 보고되어 있다.

그중에서도 제3장에서 말한 MNNG는 발암성과 변이원성이 각별히 강한 것으로 알려져 있다.

나이트로소화합물은 체내에서 아질산에 의해서 만들어지므로 검출이나 평가가 까다롭다.

예를 들면 디메틸아민은 어개류(魚介類) 속에 통상적으로 포함되어 있는 성분이다. 특히 대구과(科)에 속하는 물고기에 많이 포함되어 있다. 이것은 대구과의 물고기가 갖고 있는 효소 작용이 트리메틸아민옥시드(trimethylamineoxide)라고 하는 물질을 디메틸아민으로 변화시키는 것에 기인한다. 또 생선을 굽거나 찌거나 하면 이 디메탈아민의 양이 증가한다는 것도 알고 있다.

이런 아민류는 물고기뿐만 아니고 아미노피린(aminopyrine)이나 테트라사이클린(tetracycline)과 같은 의약품도 같은 종류이며 농약에 사용되는 카르바메이트(carbamate) 제(劑)도 역시 같은 구조를 가지고 있다.

이와 같이 아민류는 자연계에도 또 인공 합성 물질로서도 지극히 흔히 볼 수 있는 것이다. 그런데 이 아민류에 대해 아질산이 작용하면 문제의 나이트로소화합물이 만들어지는 것이다.

이때 이 반응은 산성도가 강한 곳에서 잘 진행된다고 한다. 인체에서 산성도가 높은 곳이라면 당연히 위일 것이다. 매우 불안한 일이지만 아민→나이트로소로의 독성화는 전적으로 위 속에 서 일어날 우려가 있다.

그러므로 위암의 원인으로서 이 나이트로소화합물을 드는 학자가 많다. 물론 생성된 나이트로소화합물은 온 몸속을 골고루 순환하기 때문에 정자나 난자까지도 도달하지 않으리라는 보증은 아무것도 없다. 나이트로소화합물이 정자나 난자의 DNA에 작용했을 때의 결과란 말하지 않아도 뻔할 것이다.

식용색소의 남용

식탁 위에 올려지는 가공식품은 대부분 어떤 인공적인 착색이 되어 있다고 해도 과언이 아닐 것이다. 빨간 명란젓, 노란 단무지, 김치, 양과자 등등 얼마든지 예를 들 수 있다.

이처럼 식품을 착색해야 할 필요가 과연 있을까? 「인간의 식욕을 돋우기 위한 조건으로서 식품의 형태나 색깔이 매력적으로 보여야 한다」라고 하는 입장도 있다. 현대인은 식품을 인공적으로 착색함으로써 식욕을 증진시키지 않으면 안 되는 것일까?

인간이 식품을 착색하게 된 것은 극히 최근의 일이다. 굳이 역사를 캔다면 그것은 19세기로 거슬러 올라간다.

동인도의 풀뿌리에서 얻어지는 강황(turmeric)은 노란 색깔의 천연색소였다. 아마 이것이 식품에 사용된 최초의 착색료(着色料)일 것이다. 또 무기물질이 사용된 적도 있다. 피클(pickles), 이것은 서양 김치인데 최근에는 병에 담아서 슈퍼마켓에 나돌고 있다. 이 초절임은 본래 지저분한 색깔로 바뀌는데 이것을 산뜻한 녹색으로 만들기 위해서 황산구리가 사용되었다. 빨간 치즈를 만들기 위해 적색안료(HgS; 황화수은), 연단(鉛丹; red lead 2PbO, PbO$_2$) 등으로 착색한 적도 있었다. 또 비산동(砒酸銅)을 써서 크리스마스 푸딩(X-mas pudding)을 녹색으로 염색한 일도 있었다.

그러나 이들 착색료에 의하여 발생한 중독은 기록되고 있으며 인류는 착색료를 통해 쓴 경험을 하고 있다.

오늘날의 착색안료는 대부분 콜타르(coal-tar)로부터의 산물이다. 이 착색료는 균일하고 아름답게 염색되며 안정된 데다 값이 싸지만, 안전성에 있어서는 어떨까? 이와 같은 타르색소가 어떤 식품에 사용되고 있는가를 [표 4-4]에 보였다.

유전독성이 검출되고 동시에 발암성도 인정되는 등으로 해서 허가되는 색소 수가 자꾸만 줄어드는 상황에 있다. 현재 식용색소로써 허가되고 있는 것은 일본에서는 11종이 있는데 이것을 각국과 비교하면 [표 4-5]와 같다. 각 나라의 사정에 따라서 허가되는 색소도 상이하다.

적색 2호	양과자, 포도주, 잼
적색 3호	버찌, 아이스크림
적색 102호	홍색 생강, 명란젓, 소시지, 음료
적색 104호	생선묵, 소시지, 명란젓, 아이스크림
적색 105호	양과자, 한천, 버찌, 졸임
적색 106호	양과자, 생선묵, 졸임, 매실 절임
황색 4호	양과자, 단무지, 과일 요거트
황색 5호	알사탕, 과자, 단무지, 음료
녹색 3호	양과자, 음료
청색 1호	양과자, 일본 과자, 그린피스(green peas), 음료
청색 2호	과자, 졸임, 음료

표 4-4 | 식용 타르 색소의 용도

콜타르 색소명	일본	미국	유고슬라비아	폴란드	프랑스
식용 적색2호(amaranth)	●	●	●	—	●
적색3호(erythrosine)	●	●	●	—	●
적색102호(new coccine)	●	—	●	●	●
적색104호(phloxine)	●	—	—	—	—
적색105호(rose bengale)	●	—	—	—	—
적색106호(acid red)	●	—	—	—	—
황색4호(tartrazine)	●	●	●	●	●
황색5호(sunset yellow, FCF)	●	●	●	●	●
녹색3호(fast green, FCF)	●	●	—	—	●
청색1호(brilliant blue, FCF)	●	●	—	—	—
청색2호(indigo carmine)	●	●	●	●	●

표 4-5 | 식용색소(검은 원이 허가된 것)

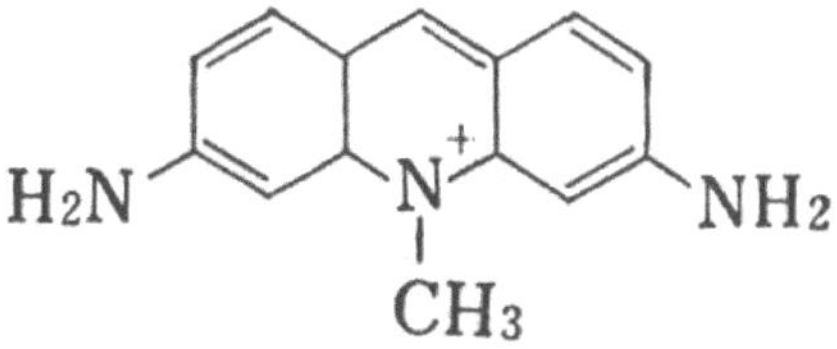

그림 4-8 | 플라빈계 색소의 전형

 어떤 색소는 기묘하게도 DNA와 결합하기 쉽다. 특히 플라빈(flavin) 계통의 색소(그림 4-8)는 DNA 속에 끼어드는 성질이 있다는 것이 라만 (C. Laman)의 연구로 알려졌다. 즉 DNA의 두 테이프 사이에 꼭 끼어듦 으로써 DNA의 정상적인 일을 방해하는 것이다.

 이 현상은 인터칼레이션(intercalation)이라 하며 염기의 구조 이동 형 돌연변이의 원인이 된다는 걸 이미 제3장에서 설명했다. 또 색소가 DNA와 결합한 상태인 곳에 가시광선이 닿으면 DNA에 큰 상처를 준 다는 것도 알고 있는데 이것에 대해서는 다음 항에서 설명하기로 한다.

 식품 첨가물 중에는 색소나 아질산염 이외에도 유전독물로 의심이 가는 것은 얼마든지 있다.(표 4-6)

조미료	사카린, D-sorbitol 등
착향료	알데히드류, caproic acid, lactone 등
착색료	타르계 색소류 등
발색제	아질산염 등
보존제	P-oxybenzoic acid, salicylic acid 등
산화방지제	erythorbic acid, BHT, BHA 등
살균제	과산화수소, 차(次)아염소산 나트륨 등
표백제	아황산칼리 등
개량제	과산화벤조일 등
껌기초제	초산비닐 등
양조용제	염화알루미늄 등

표 4-6 | 의심스러운 식품 첨가물

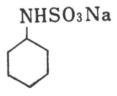

그림 4-9 | 사이클로(sodium cyclamate)

이 중에서 인공감미료로 일컬어지는 사이클로(cyclo)는 발암성 용의
가 풀리지 않은 채로 사용이 재개되었다.(그림 4-9) 이 물질의 유전독성
은 아직껏 확인되지 않았으나 용의자의 하나임에는 틀림없다.

자연에도 있는 변이원

식품 첨가물이나 착색료를 지나치게 많이 포함한 너무나도 인공적인 가공식품에 대한 반성에 의해 최근에는 자연식품이 재평가되고 있다. 백화점이나 슈퍼마켓의 식품매장에는 별도로 자연식품 코너가 마련되어 꽤 재미를 보고 있다. 그러나 자연식품이라고 해서 안심할 수는 없다. 천연 식물 중에도 몇몇에는 변이원성을 보이는 것이 있기 때문이다.

고사리도 그중의 하나이다. 고사리가 많은 목초를 먹고 자란 소에게 이상하게도 암이 많다는 데서 고사리의 발암성이 의심하기 시작했고 「고사리독」을 두려워하게 되었다. 이것의 독성성분도 거의 밝혀졌

그림 4-10 | 고사리 또는 소철에도 유전독물이……

고 유전독물이라는 것이 초파리와 미생물을 통해 확인되었다.

산채 요리에는 고사리가 들어간다. 고사리가 지니는 독특한 풍미는 일찍부터 식도락가들이 즐겨 찾은 것인데 이것에 유전독성이 있다니까 말썽이다.

변이원을 함유하는 식물로서 잘 알려진 것에 또 한 가지가 있다. 본래는 아열대식물이나 최근에는 가정에서 뜰에 심거나 화분에 심어서 관상용으로 사랑을 받는 소철이 그러하다. 소철 열매나 뿌리 등에 함유된 성분에서 강한 유전독성을 볼 수 있다. 이 성분에는 사이카신(cycasin)이라는 이름이 붙여져 있다. 이 사이카신을 쥐에게 경구투여(經口投與)하면 암이 생긴다는 것도 알게 되었다.

지금까지 이 책에서는 시종일관 인공 합성화학물질을 대상으로 그 유전독성을 주목해 왔다. 그런데 이처럼 천연 식물체 속에서도 강한 유전독물을 찾을 수 있다. 이와 같은 예는 매우 드물지만, 이상한 현상이라 하지 않을 수 없다. 이러한 식물이라 할지라도 역시 생물의 하나로써 공통의 DNA에서부터 출발해서 세포가 증식하고 성장하는 셈이다. 하지만 변이원, 즉 DNA를 상하게 하는 물질을 자기 스스로가 만들어 내고 있는 생물이라고도 할 수 있다. 왜 이런 이상야릇한 일을 할까? 그러나 고사리나 소철은 잠자코 있을 뿐 대답이 없다.

식물은 아니나 역시 천연 변이원 속에 포함시켜 생각할 수 있는 것에 특수한 곰팡이가 있다. 1960년 영국에서 칠면조의 병아리 10만 마리가 중독사를 한 일이 있다. 조사해 보니 사료로 사용한 땅콩에 곰팡이가 피어 있었던 것이 원인이라고 규명되었다. 이 곰팡이를 생쥐, 쥐, 오리, 개, 원숭이, 무지개송어 따위에 먹였더니 분명하게도 간장암이 발생했다.

그런데 이 곰팡이는 땅콩뿐만 아니고 대두, 완두콩 등의 콩류와 옥수수, 보리, 쌀, 조, 피 등의 곡류와 빵, 스파게티, 치즈, 분유, 햄, 베이컨, 살라미(salami) 따위에도 잘 달라붙는 실로 처치 곤란한 종이라는 것도 알게 되었다.

이윽고 이 곰팡이가 생산하는 독성성분 아플라톡신(aflatoxin) B가 검출되었다. 곰팡이가 만드는 이 물질의 발암성은 지극히 강력해서 우리가 지금까지 알고 있는 발암물질 중에서도 A급에 속한다.

발암성뿐만 아니고 변이원성도 강하다. 특히 제3장에서 말한 대사활성화를 함으로써 살모넬라균 등 세균의 돌연변이를 수많이 만들어낸다. 더구나 그것은 염기변화형과 구조이동형의 양쪽에 다 걸쳐 있다.

이 곰팡이 독은 새로운 형식의 식품오염으로 주목을 끌고 있다. 식품 관계 업자나 이것을 관리하는 여러 행정기관에서도 이 문제에 대해서만은 예민하게 반응해야 할 것이라고 생각한다. 또 가정에서도 땅콩이나 치즈 등에는 세심한 주의를 하고 만약 곰팡이가 피었으면 아깝다고 하지 말고 버리는 것이 무난하다.

빛으로 독성화하는 색소

TV나 여성잡지를 장식하는 화장품 광고는 여성들의 아름다워지려는 무한한 욕망을 끌어내어 경대 앞에 환상적인 색색 가지의 작은 병들을 늘어놓게 한다. 영양크림, 로션, 립스틱, 아이라인 등등. 이와 같은 배경에는 합성 원재료를 제공하는 전후의 화학공업의 급속한 발전이 뒷받침되고 있다.

화장품은 인간 생활에 중요한 부분인 얼굴, 특히 입술이나 눈 주위 등의 점막 부분에 매일 반복해서 사용된다. 물론 체내로의 흡수도 생각할 수 있으므로 그 안전성에 대해서는 마땅히 엄중하게 확인할 필요가 있다.

그러나 입으로 섭취하지 않기 때문에 일단 생명과는 상관이 없을 거라 생각하기 때문인지 규제가 매우 허술하다. 그렇다면 변이원성에 대해서는 어떨까? 화장품을 이루는 성분의 변이원성이나 발암성에 관해서 고려된 적은 거의 없었다.

세균을 사용하는 변이원성 시험은 지극히 정밀해서 화장품에 함유된 미량의 변이원도 검출할 수 있다. 우리 연구실에서는 립스틱, 아이라인, 염색약(hairdye) 등의 색소화장품을 이 방법으로 시험하여 일부에서 변이원성(동시에 발암성)이 있음을 의심해 볼 수 있다는 것을 규명했다.

화장품에서 색소는 빼놓을 수 없는 것이다. 새로운 색조(色調)를 만들어 내기 위해 메이커는 다투어 여러 가지 색소를 배합한다. 가장 잘 쓰이는 것이 타르 계통의 색소이다. 화장품용으로 허가된 타르계 색소는 약 90종에 이르는데 화학적으로 몇 가지로 분류할 수 있다.(표 4-7)

우리는 이들 중의 몇몇에서 변이원을 찾아내고 경고를 해 왔다. 그러나 그것은 색소 자체를 사용한 시험이었으므로 이번에는 실제로 시

종류	색소명	수
A30계	적색 1호, 2호, 5호, 10호, 102호 등	33 23
xanthine계	적색 3호, 103호, 104호, 105호 등	10
triphenyl methane계	녹색 1호, 2호, 3호 등	10
anthraquinone계	청색 204호, 403호 등	6
pyrazole계	황색 4호, 적색 224호 등	4
기타	청색 2호, 황색 1호 등	14

표 4-7 | 화장품의 타르색소

중에서 판매되고 있는 립스틱을 사용해서 시험하기로 했다. 립스틱 1개에 몇천 원이나(1970년대 기준) 한다는 사실을 알게 된 것은 큰 놀라움이었다. 많은 샘플을 사들이면 연구비가 몽땅 날아갈 판이어서 여학생들의 협력을 얻어 쓰다 남은 것을 수집했다.

립스틱의 일반적인 성분으로 이를테면 카르나바 왁스(carnauba wax), 오조케라이트, 라놀린(lanoline), 액체파라핀(liquid paraffin) 등의 고형화(固形化) 성분 외에 색소, 향료, 산화방지제가 포함된다. 이 중 색소에는 어떤 것이 몇 종류 정도 또 어떤 비율로 들었는지 전혀 모른다.

	시료의 수	돌연변이를 일으키는 것	
		암실에서	광조사
A	33	0	8
B	26	0	5
C	10	0	2
D	7	0	1
E	5	0	0
F	4	0	2
G	2	0	0
계	87	0	18(20.7%)

표 4-8 | 립스틱의 변이원성 실험

시험 결과는 [표 4-8]과 같으며 암실 안에서 대장균에 립스틱을 접촉시켰을 때는 어느 샘플에서도 다 돌연변이를 일으키지 않았다. 그러나 20W의 형광등 2개를 비추자 약 20%의 것에서 돌연변이가 생겼다. 빛이 닿으면 립스틱이 유전독성을 나타내는 것이다. 빛에 의한 색소의 독성화는 상당히 오래전부터 「광독성(光毒性)」으로 알려져 왔으나 최근에 와서 분자 수준에서 그 메커니즘을 알게 되었다.

즉 DNA와 결합한 색소 분자에 가시광선($4{\sim}8{\times}10^{-5}$㎝의 파장)의 에너지가 흡수되어 DNA 사슬에 상처를 주는 것이다. 이 현상은 「광역학작용(光力學作用; Photodynamic action)」이라 불리며 특히 크산틴(xanthine)계의 색소에서 작용이 강하게 일어난다. 그러므로 독성을 보인 립스틱 속에는 이런 종류의 색소가 들어 있다고 짙은 의혹을 품어 볼 수 있다.

지금까지 식품 착색료의 독성은 자주 문제가 되었다. 그러나 입을 통해서 체내로 들어갔을 경우에는 빛이 작용하지 않는다. 그러나 화장품의 경우는 빛의 작용을 받아 세포의 DNA에 상처를 주어 발암으로 유도할 가능성이 있다.

쥐나 토끼에게 하는 발암 실험에서는 이와 같은 빛에 의한 독성화를 고려하지 않았기에 지금까지 발암 색소를 그냥 보아 넘겼는지 모른다. 특히 화장품의 안전성 확인을 위해서는 광역학작용에 주목할 필요가 있다.

사실상 입술은 암이 잘 일어나는 곳이므로 립스틱과 빛의 작용을 의심해 볼 필요가 있다. 우리들의 연구가 보도되자 각지의 소비자들로부터 실례 보고가 연달아 들어왔다.

앞에서도 말했듯이 노화(老化)의 원인 중 하나는 상처나 그것을 수복하는 DNA 능력의 쇠퇴인 것 같다. 그러므로 광역학작용이 입 주위 세포의 노화를 촉진한다고 생각할 수 있다. 아름답게 가꾸려고 사용하는 립스틱으로 인해 잔주름이 늘거나 암을 얻는다니 말이 아니다. 지금까지는 립스틱으로 실험을 진행해 왔으나 같은 색소가 분이나 파운데이션, 연지, 아이섀도우(eye-shadow) 등에도 함유되어 있으므로 마찬가지의 작용이 우려된다.

위험한 염색제

색소와 더불어 화장품에서 빼놓을 수 없는 것이 향료이다. 현재는 천연향료 대신 인공합성 착향료(着香料)가 판을 치고 있다. 콜타르를 원료로 하는 합성 착향료는 값이 싸고 호화로운 분위기의 향내를 빚어낸다. 화장품에 사용이 허가되고 있는 합성 착향료는 약 140종에 달하며 비누, 샴푸, 크림, 화장수, 가루 화장품, 파운데이션, 립스틱, 정발료(整髮料), 스프레이 등 모든 화장품에 들어가 있다.

우리 연구실에서 합성 착향료의 독성에 대해 계통적으로 조사한 결과 알데히드 계통의 착향료 중 DNA에 상처를 주는 작용이 있다는 것을 알았다.

또 납, 크롬, 몰리브덴, 카드뮴 등의 중금속이 들어간 안료가 아이라인 등에 함유되어 있다. 이들 중금속에 DNA를 상하게 하는 작용이 있다는 것은 이미 말했다. 미량이라고는 하나 이들 중금속이 들어간 아이

그림 4-11 | 염색약에도 위험성이……

라인을 민감한 눈의 점막 부분에 반복해서 사용한다는 것은 결코 바람 직한 일이 못 된다.

「검은 머리」는 동양인의 미인으로서의 조건이었다. 또 중년층이나 고령층은 흰 머리칼을 꺼려서 고래로부터 검게 염색하고 있었다. 이전에는 식물성이나 광물성 염모제(染毛劑)가 사용되었으나 최근에는 사용이 간편하고 염색 후 색조가 오래 유지된다는 점에서 대부분 산화염료를 기제(基劑)로 한 합성염색제로 바뀌고 있다.

또 컬러 시대로 접어들자 일반 여성들 사이에는 저항감 없이 갈색으로 모발을 염색하는 습관이 생겨 합성 염모제는 그런 요구를 손쉽게 충족하게 되었다.

샴푸와 같이 간단히 염색할 수 있는 것, 튜브에 든 것, 스프레이식의 염색제가 등장하게 되어 앞으로는 모발을 염색하는 인구가 자꾸 불어날 것이다.

염색제의 설명서에는 「사용 전 손에 발라 시험해 보아 피부가 덧나지 않는지 각자가 안전성을 확인하라」는 주의가 붙어 있다. 이처럼 염색제에는 피부 의학상 문제점이 있다는 것을 암시하는 문구가 있다. 염색제에 의해 미용사의 손에 생기는 피부염은 직업병으로 알려져 있다.

이렇듯 생리작용이 강한 화학물질이 현재와 같이 안이하게 사용되고 있는 것은 문제이다. 피부염으로 말미암아 생명이 위협을 받는 일은 아마 적을 것이다. 그러나 이 물질의 변이성이나 발암성은 과연 어떨까?

우리 연구실에서 국산 각 메이커의 염색제 22종류에 대한 대장균의 변이성을 조사한 바 18종이 양성으로 나왔다. 미국에서도 캘리포니아 대학의 에임즈(Ames) 박사가 미국에서 시판되는 염색제의 80%가 살모넬라균에 변이를 만들어 내었다고 발표했다. 머리 염색약의 발암 가능성이 상당히 강하다는 점에서 우리의 실험과 일치하고 있다.

합성염모제의 주원료(제1액)는 파라페닐렌다이아민(paraphenylene diamine)과 그것의 유도체이다. 이들 자체도 변이성을 보이지만 이것에다 과산화수소수(제2액)를 가하면 독성이 한층 강해진다. 이들 약품은 두피(頭皮)로부터 체내로 흡수될 가능성이 있어 모발을 염색하는 여성과 유방암이나 자궁암과의 상관관계 또는 기형아 출산과의 관계에 대한 역학적(疫學的) 조사가 미국에서 시작되려 하고 있다.

3. 농약과 의약품에서도

제초제와 살충제

봄에는 나비를 쫓아다니고 늦여름에는 잠자리를 잡던 추억이 있다. 이런 일들은 우리 세대의 누구나가 다 지닌 어린 시절의 풍경이다. 그러나 지금의 어린이들은 이런 즐거운 추억도 없이 자라나고 있다. 어느 때부터인지 나비나 잠자리가 급속히 모습을 감추고 만 것이다.

그 원인이 농약에 있다는 것은 이미 상식화되어 있다. 인류가 농약이나 비료 등 화학물질을 농업에 사용하게 된 것은 그리 오래된 일이 아니다.

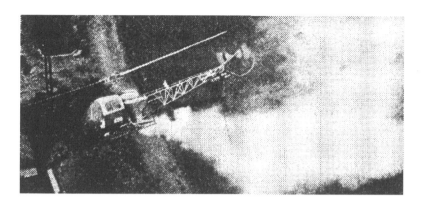

그림 4-12 │ 대량의 농약 살포가 지금도 계속되고 있다.

농업생산에 있어서 충해(蟲害)는 한발이나 수해와 더불어 농민을 괴롭혀 온 것이었다.

DDT 등의 살충제의 개발로 온 세계의 농토에는 농약이 살포되었다. 그 결과 생산이 안정되고 향상되어서 농가가 윤택해졌다. 그러나 이들 농약은 그 땅의 토양 속에 잔류해서 농작물에 계속 흡수되어 갔다.

이윽고 DDT를 함유한 채소가 나돌게 되면서 인체에 그것이 일정량 축적되었다. 그리고 모유(母乳)에서도 DDT가 검출되는 사태가 발생하게 되었다.

농약에는 크게 나누어 살충제와 제초제가 있다. 살충제란 곤충의 신경계통에 작용해서 경련이나 마비를 일으켜서 죽음에 이르게 하는 것이다. 제초제는 식물의 성장호르몬과 유사한 작용을 해서 뿌리는 거의 성장하지 않았는데도 줄기만 비정상적으로 성장시켜 그 불균형으로 말

살균제	captan, captafol, dexon, apholate 5-nitronaphthonitrile, folpet 등
살충제	tepa, vamidothion, dichlorvos, nitroso carbaryl 등
제초제	adorazin, envitox, dicamphar, linuron, simazine 등

표 4-9 | 농약

미암아 말라 죽게 하는 것이다.

이들 농약이 같은 생물인 인간에게 전혀 해가 없기는 불가능하다는 건 물론이다. 그러나 지금까지의 연구 결과로는 인체에 대한 DDT의 직접적인 영향은 인정되지 않았다. 인체에는 이미 10ppm 정도의 DDT가 함유되어 있는 것으로 알려져 있다. 그러나 DDT 중독 등이 없다고 알려져 있어 인체에 대해서는 비교적 안전한 화학물질이라고 되어 있다.

오랫동안에 걸친 DDT의 무해, 유해에 관한 논쟁이 있은 결과 마침내 1973년, 미국에서는 이것의 사용이 금지되었다. 이 영향을 받아 일본에서도 금지 조처가 취해졌다. 그 이유는 변이원성도 발암성도 아닌 환경의 생태계(生態系)에 대한 나쁜 영향 때문이라고만 되어 있다.

염소성 탄화수소(DDT)의 금지에 수반해서 유기인산염과 카바메이트(carbamate) 화합물이 등장했다. 현재 전답에 살포되고 있는 하얀 가

루가 이 농약이다. 이것들은 저농도에서도 효과가 있으며 빠른 분해성 때문에 생태계나 인간에게 비교적 안전하다고 되어 있다. 다만 실제로 대량을 취급하는 농업 종사자들 사이에서는 이미 중독 사례가 보고되고 있기에 살포 등 이것을 다룰 때는 고무장갑, 마스크, 방호의(防護衣)를 착용하도록 의무화되어 있다.

지금까지 인간에 대한 농약의 안전성이나 농약 사용에 따른 생태계의 균형에 대한 영향에 관해서는 많이 논의되어 왔다. 그러나 여기서도 유전독성에 대해서는 언급되지 않았다. 그러나 이미 농약 속에는 강한 유전독성이 있다고 알려져 있기에 공격을 받고 있는 것이 몇 가지 있다. 예를 들면 DDT는 최근에 와서 포유동물 세포에서 염색체 이상을 일으키는 것으로 인정되었다. 캡탄(captan)은 대장균에서 아포레이트(apholate)는 박테리오파지(bacteriophage), 대장균, 곤충, 식물 등에서 돌연변이가 생긴다는 것이 보고되고 있다. 이러한 살충제가 우리 자손에게 유전병을 증가시킬지도 모른다는 우려는 충분히 해 볼 수 있다.

최근 각지에서 기형어와 기형 곤충이 발견되어 신문에 사진을 곁들여 보도되고 있다. 이들 기형 생물의 빈번한 발생은 농약 사용에 원인하고 있을 가능성이 있다. 페녹시(phenoxy) 계통의 제초제 2·4·5T가 쥐, 닭, 생쥐 새끼에게 기형을 일으켰다는 사례가 미국 국립 암연구소에 보고되어 있다.

L. T. 프라이드에 의하면 1962~9년 사이에 미국은 남베트남의 1.6만㎢에 걸쳐 1억t의 제초제[이것은 주로 agent orange(2·4D와 2·4·5T의

50:50의 혼합물)와 agent white(2·4D와 피그로람의 80:20의 혼합물)를 살포했다. 곡물을 말라 죽게 해서 군량(軍糧)을 확보하지 못하게 할 목적으로 수행된 이 작전에 대해서 나는 무슨 말을 해야 할지 모르겠다. 제초제가 인류에게 끼친 악영향, 특히 기형이나 유전병의 증가 조짐이 우선 베트남에서 나타나리라고 생각되고 있다.

마구잡이 진료 끝에

몸이 나른하고 콧물이 나오고 기침이 나온다. 열도 난다. 어쩔 수 없이 병원을 찾아간다. 「인플루엔자(influenza)」라는 진단이 내려진다. 약을 탄다. 어쩌면 약의 종류와 분량이 이렇게도 많을까? 인플루엔자 바이러스에 직접 듣는 약은 아직도 발견되지 않았다고 하는데 그렇다면 이 약들은 도대체 무엇에다 쓰는 약일까?

기침을 멎게 하는 코데인 계통의 약, 피린(pirin) 또는 비(非)피린 계통의 해열제, 비타민 등의 체력을 보강하는 영양제, 게다가 폐렴의 병발을 예방하는 항생물질, 이런 것들로부터 위장을 보호하는 위장약 등등이다. 요컨대 바이러스님이 통과하시기를 가만히 참고 기다릴 수밖에 없는 것이 현재의 감기에 대한 치료 방법이다.

그러므로 투여되는 약에는 모두 적극적인 의미의 치료 효과를 기대할 수는 없다. 그러나 적어도 해가 있어서는 안 된다. 이들 약의 부작용, 급성·만성독성 따위에 대해서는 일단 검사가 행해지고 있으므로 우선 걱정할 것은 없다고 해도 될 것이다. 그러나 과연 유전독성에 대해서는 어떨까?

　의료법이나 건강 보건 제도의 모순, 제약 메이커들의 맹렬한 판촉 활동, 의사의 윤리 의식 결여 등등이 원인이 되어 바야흐로 일본 사람들의 몸은 약 속에 잠긴 상태라는 비판마저 일고 있다. 이러한 마구잡이 진료가 가져다준 것 중 주사로 말미암은 피해로 대퇴사두근단축증(大腿四頭筋短縮症)이 있다. 이에 사용된 클로로퀸(chloroquine), 탈리도마이드(thalidomide), 퀴노포름(quinoform) 등에 의한 약해가 비참한 형태로 생기고 있다.

〈항암제〉	〈항주혈흡충제〉
nitrogenmustard	hyganton 등
mitomycin C	〈혈압강하제〉
urethane	phenoxybenzamine 등
〈진통제〉	〈갑상선제〉
chloropromazine	thiouracil
phenylbutazone 등	〈최면제〉
〈항류마티즘제〉	chloral 등
butazolysin 등	〈혈청감염방지제〉
〈항결핵제〉	β-propiolactone
isoniazid 등	

표 4-10 | 유전독물이라고 인정된 의약품

그러나 발병한 사람들은 말하자면 이들 약품을 복용한 사람 중 빙산의 일각일 뿐이다. 약해가 생기지 않을 정도의 양으로서 그쳤기 때문에 발병에까지는 이르지 않은 숱한 사람이 있을 것이다. 그러나 이들 의약품의 유전적 영향이란 것을 생각해 본 일이 있을까?

지금까지 의약품 관계에서 유전독물로 인정된 것은 [표 4-10]에 보인 것과 같다. 그러나 의약품의 유전독성을 논한다는 것은 다른 공업약품 따위와는 약간 다른 어려운 면이 있다. 환자는 투여되는 약제에 의해서 증상이 가벼워지거나 죽음을 면하거나 한다. 그렇다면 치료 효과와 어느 확률로 자손에게서 나타날지도 모를 유전독성에 대해서는 어떻게 생각해야 할까?

당신의 경우를 비유해 보자. 만약 당신이 상당히 중증의 결핵에 걸렸다고 하자. 결핵에 두드러진 효과가 있는 항생물질 X에는 유전독성이 있다는 것이 미생물이나 곤충의 실험으로 확인되어 있다고 하자. 이때 과연 당신은 이 약을 먹을까?

참으로 어려운 질문이다. 왜냐하면 당신은 주치의가 처방한 약을 다짜고짜 복용하게 될 것이므로 환자인 당신으로서는 마치 도마 위에 올려진 생선과 같은 심경일 수밖에 없다.

결국은 그 의사가 유전독물에 대해서 어느 정도의 이해를 가졌느냐에 달려있다는 것이 된다. 설령 효험이 있는 약이라도 유전독성이 강하면 이 약을 단념하고 차선의 것, 이른바 대체 약품을 사용하는 판단이 필요하게 된다. 이와 같은 판단은 의학교육 중에 유전독물학이 채택되어 의사들 사이에서 변이원에 대한 인식이 충분해져야만 비로소 가능할 것이다. 그러나 이와 같은 판단의 근거는 어디에 있는 것일까?

서독의 유전학자 로르본은 의약품의 임상적 사용과 그 유전독성 문제에 대해서 「항결핵제 INAH(이소니아지드)」를 예로 들어 설명하고 있다.

〈isoniazid(INAH)〉

항결핵제로서 치료 및 예방에 현저한 효과가 있다.

〈변이원성의 실험 결과〉

1. 시험관 내의 DNA에 손상을 준다.
2. 백혈구 배양세포에 염색체 이상을 일으킨다.
3. 숙주경유법에서 돌연변이를 나타낸다.

〈판정〉

1. 변이원성이 있으나 소위 유명한 변이원과 같은 정도는 아니다.
2. 지금까지의 동물 실험에서는 음성이다.
3. isoniazid로 치료받은 사람의 백혈구 세포에는 아직 염색체 이상은 보이지 않는다.

〈평가〉

1. isoniazid를 결핵 치료에 사용하는 것은 반대하지 않는다.
2. tuberculin test 반응이 양성인 사람에 대해서 사용하는 것도 반대하지 않는다.
3. 그러나 tuberculin test 반응이 음성인 사람에 대해서 예방을 위해 사용하는 것은 반대한다.

표 4-11 | 의약품의 유전독물을 어떻게 생각할까(isoniazid의 경우)

이것은 극소수의 한 예에 불과하나 변이원성이 인정되고 있는 의약품 하나하나에 대해서도 그 위험과 이익을 충분히 판단해서 이와 같은 기준을 만드는 것은 중요한 일이 될 것이다.

여기에 극히 특수한 예로서 항암제의 경우가 있다. 오늘날 인류는 아직 암을 완전하게 치료할 수 없다.

따라서 항암제의 개발이나 사용에 대해서는 특별한 취급을 받고 있는 것 같다. 이 특수한 경우에 대해서 고찰해 본다는 것은 유전독성을 이해하는 데 도움이 된다.

항암제의 사고방식

인류는 아직 암을 치료하는 완전한 방법을 모른다. 암은 죽음에 이르는 병으로 공포감을 가지고 이야기되는 수가 많다. 암이라는 진단을 환자에게 알려야 할 것인지 아닌지가 늘 논란되고 있다는 데서 그 비극성이 증명된다.

암에 듣는 약이 없을까? 아니 있기는 하다. 이른바 항암제라고 불리는 것이다. 방사선을 사용해서 하는 것을 물리요법이라 하고 항암제를 사용해서 암을 치료하는 것을 화학요법이라고 한다.

20세기에 들어와서 그때까지 인류가 가장 두려워하던 폐렴, 매독 등 감염성 질환은 거뜬히 항복시킬 수 있었다. 이들 질환이 세균이나 스피로헤타(spirochaeta) 등 병원성 미생물에 의해서 일어난다는 것이 확인되고 이 미생물에 대해 극적 효과를 지닌 약제가 연달아 발견되었

알킬화제	nitrogen-mustard, busulfan, carbocon, cyclophosphamide, thiotepa 등
항생물질	mitomycin C, bleomycin, actinomycin D, dannomycin 등
대사저항제	amethopterin, 5-fluoro-uracil, 6-mercapto-purine, 8-Aza-quanine 등
세포독	urethane, vincristine, vinblastine 등
호르몬	testosterone, estrogen, ethyl estradiol 등
기타	L-asparaginase, 용련균제, 영지버섯의 추출물 등

표 4-12 | 항암제의 분류

다. 그래서 화학요법은 인류에게서 질병을 모조리 없애 버릴 수 있을 것처럼 기대되었다. 특히 페니실린, 스트렙토마이신 등의 항생물질은 그 치료 효과에 눈부신 성과가 있었다.

때문에 암에 있어서도 화학요법제가 병원균에 극적인 효과를 가져 다줄 거란 기대를 갖게 되는 것도 무리가 아니었다.

항암제 탐색에는 막대한 연구비가 투입되었다. 초근목피에서부터 인공 화학물질에 이르기까지 모든 물질 속에서부터 항암 작용이 있는 물질이 탐구되었다. 그리하여 지금까지 몇몇 항암 작용을 가진 물질이 발견되었다. 즉 정상세포보다 암세포에 대해서 보다 강력하게 작용해

세포를 파괴하는 화학물질이다. 그때마다 이것이야말로 인류가 찾던 오랜 꿈인 암 박멸의 결정적 수단이라고 극구 찬양하였다.

지금까지 발견된 항암제는 몇 가지 종류로 분류할 수 있다.

어느 항암제건 모조리 암에 듣는 것은 아니다. 어느 항암제는 특히 피부암에 듣고 또 다른 항암제는 위암에 잘 듣는 식으로 수비 범위가 다르다. 이것은 병원균에 대한 항생물질의 작용과 흡사하다. 항생물질의 각각의 작용은 잘 알려져 있다. 그것들은 제각기 수비 범위의 병원균이 가지고 있는 특수한 단백질의 합성을 멈추게 하는 등의 작용을 한다.

그러면 항암제에는 도대체 어째서 효험이 있는 것일까? 이상하게도 이 점에 대해서는 거의 알지 못하고 있다. 이치야 어찌 됐든 낫기만 하면 된다는 식으로 스크리닝 되어 왔기에 그중에는 반신반의의 의심스런 항암제도 등장하게 되었다.

그러나 각 항암제의 화학적 성질의 분류로부터 대충 그 작용을 추정할 수는 있다. 항암제의 톱은 알킬화제로 되어 있다. 기억을 더듬어 보아 주기 바란다. 알킬화제라는 것은 제2장에서 다루었듯이 전형적인 유전독물이 아니었던가! 그렇다. 알킬화제는 DNA에 알킬기를 결합해서 유전정보를 교란하는 DNA 독물이었다.

항암제 중에서 알킬화제인 나이트로젠 머스터드(nitrogen mustard) 라는 약은 예로부터 유명한 변이원인 것이다. 이와 같은 예는 항생물질 항암제에서도 볼 수 있다. 마이토마이신 C는 일본에서 발견되어 각광을 받아 온 대표적인 항생물질 항암제이지만 역시 DNA 독물이며 변이원이라는 것이 확인되고 있다. 변이원=발암물질이라는 공식으로 보면 도대체 이것은 무엇을 의미하고 있는 걸까? 좀 더 분명히 말하면 항암제가 곧 발암제란 말인가?

이 의문을 풀기 위해 우리 연구실에서는 현재 임상적으로 사용되고 있는 항암제 약 30종에 대해서 DNA에 상처를 주는가, 변이원성이 있는가를 세균을 사용해서 시험해 보았다. 그러자 잘 듣는다고 일컬어지는 것이 특히 DNA에 상처를 주기 쉽고, 변이원성도 있다는 것을 알았다.

이른바 「독으로써 독을 누른다」라는 말을 실지로 행동하고 있는 것이다. DNA 이상이 발암의 방아쇠인 것 같다는 걸 바탕으로 하면 암을 치료하는 데에 DNA 작용물질을 사용하는 것은 이론적으로 모순되지 않는다.

그렇다면 항암제가 암을 유발할까? 이 문제는 현재 암 환자를 치료하고 있는 의사에게 있어서는 최대의 딜레마인 것이다. 즉 이 사실을 뒷받침하는 사례가 극히 많은 것이다.

A씨, 나이는 56세, 직업은 회사 사장이고 가정이 원만하며 하는 사업도 순조롭다. 말하자면 남부러운 것 없는 인생이다. 어느 날 그는 상복부에 시큰시큰한 통증을 느끼고 의사를 찾아갔다. 정밀검사를 위해 대학병원으로 소개되었다. 그의 불안이 높아진다. 「어쩌면……」 검사 결과는 위궤양이라고 나와 일단 마음을 놓았다. 그러나 신중을 기해서 얼마 동안 입원을 하기로 한다.

그러나 실제는 역시 위암이었다. 암은 비교적 초기였기 때문에 수술은 성공적이었다. 항암제에 의한 화학요법도 병용되었다. 치료가 효험을 보았는지 약 두 달 후에는 퇴원하게 되었다. 본인이나 가족은 역시 위궤양이었구나 하고 생각했고 가정에도 밝은 빛이 감돌았다.

그러나 반년 후에 등 뒤에서 아픔이 느껴졌다. 암의 재발이었다. 이번에는 다른 종류의 암에 침범된 것이다. 체력이 완전히 회복되지 않은 그의 몸에 새로운 암의 병소(病巢)가 급속히 확대해 갔다. 그리고 약 두 달 후에 그는 영영 돌아오지 않는 사람이 되고 말았다.

이곳에서 그것을 증명한다는 것은 어려우나 항암제에 의한 제2차 발암이 아닐까 하는 의심이 있다. 그리고 이와 같은 예가 최근에 부쩍 불어나고 있다. 암 치료에 종사하는 의사 중 대개가 이런 경험을 가지고 있다. 그러고는 딱 질색이라는 생각에 잠긴다.

그러나 이들의 처지는 의학적 윤리로는 정당한 것으로 치고 있다. 즉 항암제에 의해서 몇 주일밖에 살 수 없었던 생명을 몇 달간이나 연장할 수 있었던 것이다. 이 윤리는 엄숙하고도 슬프다. 항암제를 가리켜 20세기 최대의 패러독스(paradox)라고 말할 수 있지 않을까? 그리고 여기서는 유전독성은 거의 논의의 대상이 되지 않는다.

4. 신변에도 훨씬 더

담배에 숨어있는 범인

1492년, 콜럼버스(C. Columbus)가 미국 대륙을 발견했을 때가 바로 유럽의 여러 문명국에 담배가 퍼져 나간 시기였다고 한다. 미국 원주민들만이 피우고 있었던 담배가 온 세계로 번져 나가는 데는 많은 시간이 걸리지 않았다.

이렇듯 인류가 담배를 기호품으로 삼은 것은 최근 300 내지 400년에 불과하다. 인류가 걸어온 수백만 년의 역사로 보면 극히 최근의 일이다. 인류는 담배를 피우는 습관을 아주 짧은 기간 동안 몸에 익혀 버린 것이다.

담배가 허파나 기관지 등의 호흡기에 좋지 않다는 것은 「건강을 위하여 지나친 흡연을 삼갑시다」라고 담뱃갑에 특별히 적힌 것만 보아도 잘 알 수 있다. 게다가 최근에는 담배가 폐암과 밀접한 관계가 있다는 보고가 세계 각지에서 연달아 나오고 있다.

일본 국립암센터의 히라야마(平山雄) 박사의 자료에 의하면 담배를 하루 10개비 이상을 흡연하는 사람은 전혀 담배를 피우지 않는 사람의 3.5배, 50개비 이상을 피우는 사람은 5.8배의 더 폐암에 의한 사망률이 높다고 한다.

그러면 담배의 변이원성은 어떨까? 캘리포니아대학의 에임즈(Ames) 박사는 앞에서 말한 살모넬라균을 이용한 돌연변이 검출 방법으로 담

그림 4-13 | 흡연의 유전독성은…….

뱃진에 대해서 조사해 보았다. 결과는 분명히 양성이었다. 더욱이 구조이동형의 꽤 강한 변이원성이 있다는 것이었다.

담뱃진 속에는 도대체 어떤 것이 함유되어 있을까? 지금까지의 분석 결과로는 여러 가지 형태의 다환탄화수소가 섞여 있다는 것을 알 수 있다. 그중에는 예의 3, 4-벤조피렌도 포함된다. 그런데 국립암센터의 스기무라(杉村隆)박사는 이상한 일에 흥미를 가졌다. 담뱃진은 가령 성분이 전부 3, 4-벤조피렌이라고 했을 경우보다도 변이원성 강도가 훨씬 더 강한 것이었다.

즉 담뱃진 속에는 A급에 속하는 변이원, 3, 4-벤조피렌보다 몇 배나 더 강한 초 A급 변이원이 함유되었을지도 모른다는 두려움이 있다. 현재로서는 이 물질이 무엇인지 모른다. 진범인은 담배 속에 숨어서 모습을 드러내지 않는다. 우리는 그 모습을 잠깐 엿본 것에 지나지 않는다.

최근에는 각국의 열차나 여객기 등에도 금연석이 마련되었고 소련에는 요양지로서 금연도시까지 지정되어 있다고 한다. 또 암이나 변이원에 관한 학회에 참석하는 학자들에게서는 흡연을 하는 모습을 보지 못한다. 그들은 자기 자신을 위해서뿐만 아니라 동시에 다른 사람에게 피해를 주지 않으려고 금연하고 있는 것이다. WHO(세계보건기구)는 1976년 5월에 비흡연자를 보호한다는 결의를 했다.

대기오염 등의 공해를 지적하는 사람은 많다. 그러나 담배를 피우는 사람에게는 공해를 운운할 자격이 없다고도 지적되고 있다.

앞에서 말한 바와 같이 인류가 흡연이라는 이 나쁜 습관을 익힌 것은 극히 최근의 일이다. 지금이라면 아직 끊을 수가 있을 것이다.

경구 피임약에의 의혹

미국 여성은 남자친구가 생기면 「pill」(oral contraceptive pill의 약어)을 복용한다. 약국에서 이름과 주소만 적어 주면 「필」을 살 수가 있다.

「필」이란 본래 알약을 말하는데 물론 여기서는 경구 피임약인 정제를 의미한다. 그러나 「필」을 복용해서 완전하게 피임하려면 임신의 가능성 여부에 상관없이, 다시 말해서 섹스를 하건 안 하건 매일 하루도 빠뜨리지 않고 한 알씩 연속 복용하지 않으면 안 된다. 그렇지 않으면 효과가 없다.

경구 피임약은 1954년, 미국의 핑커스가 발명한 것으로 주성분은 인공 합성의 황체호르몬이다. 황체호르몬은 본래 난소(卵巢)에서 분비되는 것으로 임신했을 때 배란을 억제하고 월경을 멈추는 작용을 한다. 「필」은 이 원리를 응용해서 만들어졌다. 월경 주기의 전반, 배란 전부터 복용하고 있으면 배란이 억제되어 임신하지 않는다는 이치이다.

이 피임법은 다른 방법보다 확실성이 높다. 그 안전성에 대해서는 미국에서 오랫동안 시험이 이루어져 결국 대중에게 등장했다. 그러나 해로운 점이 전혀 없는 것은 아니다. 지금까지도 이 호르몬에 의한 혈전증(血栓症), 시력 장애의 보고가 있었고 또 남성화나 노화를 촉진한다는 등의 우려도 있다고 한다.

「필」의 변이원성에 대해서는 어떨까? 인류가 탄생한 이래 이렇게 대량의 호르몬을 임신가능기 여성이 집중적으로 투여한 적은 일찍이 없었다. 만약 「필」에 변이원성이 있다면 사태는 중대하다. 세계의 각 기관에서 한 지금까지의 시험 결과는 일단은 무혐의로 나타났으나 계속 감시해야 할 대상의 하나이다.

일본에서 이 호르몬은 월경 이상, 자궁출혈, 습관성 유산, 불임증의 치료 약으로써 또 월경 주기를 변경하는 약으로써 시판하고는 있으나 이른바 연일에 걸쳐 상용할 수 있는 피임약으로써는 허가되지 않고 있다. 그 이유는 부작용에 의해서라기보다는 차라리 성 풍습의 문란을 우려해서인 것 같다.

여성이 임신을 조절하는 이 피임법을 해금하라는 운동이 있다. 그러나 변이원성, 발암성, 최기형성(催奇形性)이 완전히 부정되기까지는 여성을 호르몬 절임으로 만드는 것에 우리는 찬성할 수가 없다.

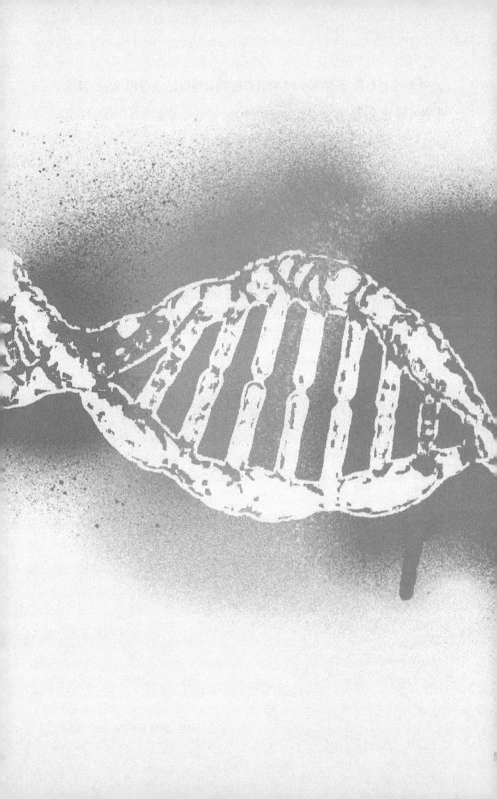

제5장

자손에게
빚을 남기지 말자

1. 변이원으로부터의 방어

기본적 전략

환경에 분포된 변이원이나 또 앞으로 나돌아 다니려는 변이원도 따지고 보면 인간이 어떤 이익을 가져오려고 만들어 낸 것이다. 그러나 이것들이 인류의 장래를 위협한다고 지적된 이상 이것들을 우리의 「새로운 적」으로 인식하지 않으면 안 된다. 우리가 가진 지식으로써 되도록 적에 대한 정보를 많이 수집하고 정량적(定量的)으로 분석해서 평가를 내리고 그에 대한 적절한 조처를 취하는 전략(戰略)이 필요하다.

그런데 이와 같이 사물에 대한 정량적인 판단을 내리는 일은 「자라 보고 놀란 가슴, 솥뚜껑 보고 놀란다」라거나 부화뇌동(附和雷同)을 일삼는 일본 사람에게는 딱 질색인 것들이다. 지나치게 두려워하지도 말고 안심하지도 않아야 한다. 적당하게 두려워하지 않으면 안 된다. 그러기 위해서는 우리는 어떻게 하면 될까?

여기서는 그 기본적 전략이 어떠해야 한다는 것에 대해서 말하기로 한다. 여기에서 스크리닝, 모니터링, 평가, 협력체제라는 네 가지 전략을 세우자.

전략의 첫 번째는 스크리닝인데 이것에 관해서는 이미 제3장에서 그 방향이나 방법에 대해서 말한 바 있다. 즉 우선 보이지 않는 적의 존재를 정확하게 탐지해야 하는 일이 모든 전략의 기본이 될 것이다. 거의 무한에 가까운 우리 주변의 화학물질을 남김없이 조사한다는 것은 엄청난 일이지만 분자 수준에까지 진보한 현대의 유전학이나 생물화학의 지식은 이 전략의 수행에 중요한 무기가 된다.

이상적인 검출 방법으로는 재현성(再現性)이 있는, 즉 누가 어디서 하더라도 똑같은 결과가 나오는 것이 아니면 안 된다. 진정 위험한 것을 그대로 보아 넘겨 버려서는 곤란하나 동시에 경제적으로 큰 부담이 안 되어야 한다는 것도 중요하다. 지나치게 특수한 기술이 요구되거나 인력이 필요하거나 특별한 기계가 필요해도 곤란하다.

선별 과정으로써의 조건이 구비된 방법은 세균을 이용하는 것이다. 그러나 완전히 이상적인 선별법이란 애당초 있을 수 없는 것이므로 제 3장에서 말한 몇 가지 종류의 검출 방법을 배합해서 효과적으로 실시해야 할 것이다.

모니터링

두 번째 전략은 모니터링(監視)이다. 즉 아군의 피해를 냉정히 판단하고 적의 잔류세력의 동향을 늘 캐치하는 일이다. 모니터링의 현실적 방법으로 우리는 「역학(疫學)」이라는 무기를 가지고 있다.

역학이란 epidemiology를 번역한 말인데 통계적 자료로부터 질병의 원인과 유행의 메커니즘을 해석해 나가는 것이다. 이를테면 위암의 발생을 통계적으로 파악하고 그 지방의 특수한 식생활이나 풍속, 기후,

풍토와의 관계를 추구하는 것 등이 이것에 해당한다. 쌀을 주식으로 하는 우리 민족에게는 위암이 많다는 점에서 그 관계가 연구되어야 한다는 방식이다.

변이원에 대한 전략으로서 이것은 참으로 효과적인 수단이 된다. 왜냐하면 제3장에서도 언급했듯이 모든 생물종은 전부 공통의 유전적 메커니즘을 가졌으므로 세균 등을 사용함으로써 인간에 대한 위험한 변이원을 체크할 수 있다. 그러나 그것은 회색에서 흑색까지의 광범한 범위의 용의성을 제시하는 데 지나지 않는다.

이미 환경에서는 의혹 물질이 인간의 이익을 위해 상당한 역할을 수행하고 있어서 그것을 간단히 말살할 수 없을지도 모른다. 그리고 더 명확하게 회색이냐 흑색이냐의 정도를 알아야 할 필요가 생긴다. 그래서 포유동물의 염색체 이상이나 쥐의 돌연변이 등 되도록 인간에 가까운 동물을 사용해서 판단하는 연구가 행해지는데, 아무리 인간에게 접근시켰다고 하더라도 필경은 인간의 완전한 대용품은 될 수가 없다. 그렇다고 해서 인간 자체를 유전실험에다 사용할 수는 없는 일이다.

이 딜레마에 대해서 등장하는 것이 역학이다. 역학 연구는 서구 여러 나라에서는 이미 오래전부터 활발했는데 최근 컴퓨터의 진보가 이것에다 박차를 가했다. 역학이 변이원의 감시자로서 어떻게 활동하는 것일까?

여기에 캐나다 브리티시 컬럼비아대학의 밀러(Miller) 박사의 연구를 소개하겠다.

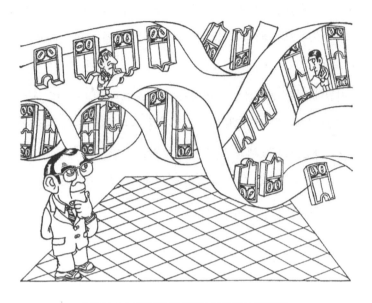

그림 5-1 | 컴퓨터를 이용해서 변이원을 공략한다.

1975년 여름 나는 밀러의 유전의학연구실을 방문했다. 그의 연구
실은 브리티시 컬럼비아대학의 아름다운 캠퍼스 깊숙한 곳에 있었는데
이곳 말고도 브리티시 컬럼비아주의 정부 청사 안에도 또 하나 있다.
주 정부 청사 안에 있는 연구실에서는 컴퓨터의 키펀처(key puncher) 혹
은 카드를 정리하는 스텝들이 묵묵히 일을 하고 있었다. 그는 열띤 어
조로 말했다.

『역학은 본래 차분한 연구 분야이지만 환경변이원의 연구에서는 위력을 발

휘한답니다. 여기서는 이 지방의 과거 30년 동안의 유전병 환자의 동태를 완전히 조사하는 것에서부터 시작했죠, 차분하고 끈기가 있어야 하는 작업이었죠. 이러한 데이터는 전부 컴퓨터에 기억시켜 놓고 있습니다.

지금까지 과거 30년 동안에 이 지방에서 갑자기 사용되었던 화학물질의 양과 유전병의 상관관계를 조사해 왔는데 현재로는 다행하게도 어느 화학물질에 대해서도 의미가 있을 만한 상관성은 발견되지 않았습니다.

아시다시피 이런 종류의 연구는 지금까지의 데이터 축적이 크면 클수록 신뢰도가 높아집니다. 지금까지 수집된 자료의 양은 앞으로 반드시 큰 위력을 발휘하게 될 겁니다.』

밀러 박사는 지금 변이원의 모니터링 시스템의 개척자로서 온 세계의 주목을 끌고 있는 인물이다. 일본의 「교토(京都)를 무척 좋아한다」라던 그는 일본 사람들의 몸이 AF2에 오염되고 있다는 말을 듣고 상을 찡그리며 「일본에서도 한시바삐 이 물질이 가져오리라고 예상되는 영향에 대한 역학적(疫學的) 연구를 진행할 필요가 있다」라고 역설했다.

영향이 나돌기 시작한 뒤에는 분명히 뒤늦을 것이므로 아직 아무 일도 일어나지 않았을 때(어쩌면 이미 일어나 있을지도 모르지만)부터 충분한 감시 체제를 펼쳐야 할 필요가 있다.

역학 모니터링을 하기 위해서는 몇 가지 문제점이 있다.

하나는 극히 큰 데이터양을 다루게 되므로 경비도 들고 인원도 필요하다. 각 지방의 보건연구소 등에 역학 부문을 설치하고 데이터를 수집

그림 5-1 | 컴퓨터를 이용해서 변이원을 공략한다.

해서 후생성이 이것을 집계하여 동태를 파악하는 등의 조직이 필요하다. 밀러 박사의 연구실이 주 정부 청사 안에 있듯이 정부의 충분한 경제적, 기능적 원조와 이해가 아무래도 필요하다.

다음으로 중요한 일은 유전병 환자들의 협력이다. 유전병은 불행한 일이므로 가족들이 그것에 관해서 좀처럼 말을 하고파 하지 않는 것은 당연한 감정일 것이다. 밀러 박사의 데이터는 유전병 환자 또는 그 가족들에 의해서 기입된 카드가 기본적인 자료가 된다.

그 카드에는 인종, 출생지, 성별에서 비롯해서 가족의 내력, 병력(病

歷), 기호식품, 담배, 필 등의 기입 사항이 이어져 있다.

나는 밀러 박사에게 「일본인의 경우 특히 유전병을 숨기려는 습관이 있으므로 협력이 얻어질 수 있을지 어떨지」 하고 말한 적이 있다. 그러자 그는 「그건 유전학자나 정부의 PR 부족입니다. 불행한 병을 남에게 알리고 싶어 하지 않는 건 캐나다 사람인들 마찬가지지요」라고 즉석에서 대답했다.

미국에서도 뉴욕주 위생연구소의 저너리치 박사가 담배와 필에 관한 역학적 연구를 하고 있는데 여기서도 주 정부가 강력하게 후원하고 있음을 볼 수 있었다.

일본에서는 어떨까? 교토대학 의학부 해부학 교실에서는 니시무라(西村秀雄) 교수(현재 실험동물센터)가 오랜 세월에 걸쳐 인공유산 태아에 있어서의 선천 이상에 관한 데이터를 수집해 왔다. 지금까지 수집된 방대한 자료에 의해서 세제(洗劑)의 사용과 기형 발생의 관계 등 중요한 보고가 나왔다. 이 데이터는 그대로 변이원의 모니터링을 위해서도 실로 귀중한 것이라고 하겠다.

2. 인간에의 위험을 어떻게 어림하는가?

방사선의 독성을 비교한다

병법(兵法)에 이르기를 「적을 알고 나를 알면 백 번을 싸워도 위태롭지 아니하다」라고 했다. 적의 역량을 정당하게 평가한다는 것은 싸움에 이기기 위한 필수조건이다. 이미 인간 생활과 깊숙이 관련되고 있는 변이원을 그저 「위험하다. 위험하다.」라고만 신경질적으로 떠들어 대서는 전황은 자꾸만 악화될 뿐일 것이다.

덮어놓고 '위험하다'고 두려워할 것이 아니라 '얼마나 위험한가'라는 따위로 정량적인 평가를 할 필요가 있다. 지금까지 강한 변이원이니 약한 변이원이니 하는 투의 표현을 써 왔으나 '강하다'거나 '약하다'는 것은 과학적인 표현이 못 된다. '얼마나 강한가', '얼마나 약한가'를 반드시 알아야만 한다.

만약 자동차의 배기가스 중의 3, 4-벤조피렌의 변이원성이 어느 수준 이상의 위험도라고 평가되었을 때 인류는 가솔린을 사용해서 차를 달리게 하는 것을 단념해야 할지도 모른다. 이와 같은 사태는 자동차뿐아니라 다른 일상생활에 없어서는 안 될 물질에 대해서도 일어날는지 모른다.

1975년 미국에서 출판되는 『Science』라는 과학잡지에 변이원의 위험도를 평가하기 위한 제안이 실렸다. 이것은 미국의 환경변이원 학회가 제17위원회(폴 드레이크 위원장)에 지명해서 보고하게 한 것이다. 그

그림 5-3 | 배기가스가 주범인 스모크

표제는 『환경변이원에 의한 장애』인데 부제목은 「환경 속으로 방출되는 화학물질의 변이원성을 검출하는 일은 긴급히 행해져야 하며 그것은 가능하다」라고 되어 있다.

이 제안 가운데서 위원회는 위험도의 근거로 삼을 두 가지 기준을 제시하고 있다. 두 기준은 모두가 방사선의 유전독성을 참고로 하고 있는 것이 특징이다.

원자력에너지 개발에 즈음해서는 바이러스부터 원숭이에 이르기까지 모든 생물을 사용해서 방사선이 인간에게 끼치는 영향에 대한 철저한 연구가 이루어졌었다. 그리고 현재 거의 완전하게 정량적인 독성 평가가 되어 있다. 원자폭탄이나 원자로(原子爐) 사고 등에 의한 대량의 방사선에 노출되었을 경우 그 영향에 관한 연구는 특히 잘되고 있다. 그러나 미량의 방사선을 장기간에 걸쳐 입었을 때 받는 영향, 즉 주로 유전적 영향에 대해서는 아직 잘 모르고 있다. 원자력 발전에 한 가닥 불씨가 남게 되는 것은 바로 이 점에 있다고 하겠다.

뮐러(Muller)가 X선으로 초파리에게 돌연변이를 일으켜 보인 이래 방사선은 인간의 유전에 더욱 강하게 영향을 끼치리라고 말해 왔다. 그리고 집중적인 연구도 실시되었다.

그러나 사태가 여기에 이르자 이 인식을 바꿔야만 하게 된 것도 사실이다. 즉 환경에 너무나도 많이 대량으로 존재하는 화학 변이원 쪽이 끼치리라고 예상되는 유전적 영향이 훨씬 더 크다고 하는 지적이다.

그러나 우리가 가진 현재의 지식은 화학 변이원의 유전적 독성을 정당하게 평가하기에는 아직 빈약하다고 말하지 않을 수 없다. 우리가 가지고 있는 방사선의 유전독성 평가법은 현재의 방법 중에서는 가장 신뢰도가 높은 것이라고 여겨진다. 그러므로 이 방법을 환경의 화학 변이원의 위험도에 대한 평가에다 적용하려는 것은 현명한 일일 터다.

배가율 농도

이 방법은 자연돌연변이에 착안해서 그것을 기준으로 삼아 그 양을 꼭 배로 하는 변이원의 농도를 비교해 보자는 것이다. 이 사고방식은 방사선의 유전적 장애를 판정할 때 사용되었던 배가선량(倍加線量) 즉 자연에 본래부터 존재하는 돌연변이의 수를 배로 하는 방사선량을 기준으로 정해 두고 비교한다는 사고방식이다.

예를 들면 어느 시험계에서 자연돌연변이가 106개에 1개꼴로 존재했다면 그것을 2개로 만드는 데 필요한 변이원의 농도라는 것이다. 인간의 경우에는 체중 1kg당 변이원을 mg로 나타낸다.

렉 단위

1렉(rec)은 1렘(rem)의 X선과 같은 유전적 장애를 줄 수 있는 화학물질의 양이다. 이를테면 어느 시험계에서 1렘의 X선에 의해 1,000의 돌연변이가 생기고 같은 시험계에서 체중 1kg당 5mg의 화학물질이 5일간 작용해서 50의 돌연변이가 생겼다고 하자. 거기서 만약 체중 1kg당 이 화학물질이 매일 1mg씩 1년간을 작용했다고 한다면 50×365일/5/1,000이 되어 3.65rec이 된다.

유전적 영향을 생각할 때는 인간의 일생 중 생식 기간만을 한정해서 고려하면 된다. 인간의 생식 기간을 가령 평균적으로 25~55세 사이라고 생각한다면 30년이 된다. 그러므로 이 물질에 일생 동안 피폭되는 양은 3.56×30=110rec이 된다.

인간의 경우 한 사람이 지닐 수 있는 최저농도를 가령 1,000rec이라고 하자. 즉 이쯤까지라면 설사 유전적인 영향이 생기더라도 인구적으로나 또 민족적으로 나아가서는 인류 전체에 있어 윤리적, 경제적, 사회적으로 참을 수 있는 양이라는 뜻이다. 그리고 이 물질(인간 생활에 유용한 가치가 있는 경우에만 한정되지만)에 대해서 허용값 1,000 중에 110rec을 할애하자는 것이다.

방사선에 대해서 최대 허용량이라는 개념이 있는데 이것을 화학 변이원의 경우에도 적용한 거라고 생각하면 될 것이다. 다만 유전독성을 문제로 삼을 때는 아무리 적은 양이라도 그것에 대응되는 유전적 영향이 나타나는 경우가 많으므로 허용량이라기보다는 차라리 「참을 수 있는 양」이라고 말해야 할 성질이다.

이 방사선을 본뜬 rec 단위를 통해 유전물질의 위험도를 대충이기

---

1. 초파리의 돌연변이에 의해서 아질산염 767㎎/체중 1㎏은 X선 66rem과 같은 작용을 한다. 따라서
   rec : 15.6㎎/체중㎏

2. 인간 등 포유동물의 정자세포는 초파리보다 약 2배의 감수성을 보인다. 따라서
   rec : 15.6/2=7.8㎎/㎏

3. 인간의 아질산염 평균 섭취량은
   매일 **0.17㎎/㎏** 30년 동안은 **1,862㎎/㎏**
   따라서 1세대당 **239rec**

4. 한꺼번에 대량 섭취할 경우도 생각하여, 안전을 위해 1/3로 양을 줄인다.
   즉 239/3 : 1세대당 **80rec**

5. 돌연변이를 일으키는 시기는 정자세포의 증식 주기의 10% 이하이다.
   따라서 최대로 계산해서
   1세대당 **8rec**

표 5-1 | 아질산의 위험도를 rec 단위로 시산(미국 17위원회 보고)

는 하나 비교할 수가 있다. [표 5-1]은 제4장에서 말한 식품 첨가물인 아질산의 위험도가 어느 정도인가를 이 rec 단위로 시산한 것이다.

그러나 이 단위에 대한 비판도 높다. 방사선은 에너지가 온몸 구석구석까지 작용하는 물리적 현상이다. 그런데 화학물질인 경우는 흡수 방법, 기관(器官)에의 도달 경로, 축적도, 생체 안에 머물러 있는 기간, DNA와의 반응 형식 등에 있어서 전혀라고 할 만큼 방사선과는 상이하다. 이것을 억지로 방사선에 갖다 붙여 평가하려 하면 도처에서 모순이 생겨 과소 또는 과대 평가가 되어 버리지 않을까 하는 의심이다.

그러나 현재로서 우리는 이보다 최선의 방법을 모른다. 이 평가법은 말하자면 발판이다. 이것을 딛고 서서 더 좋은 평가 방법을 생각하지 않으면 안 된다는 건 말할 나위도 없다. 이 방법은 그때까지의 잠정적인 것으로써는 충분한 가치가 있을 것이다.

일본 사람에게 대량으로 섭취된 식품 첨가물, AF2에 의한 위험성을 부르짖기만 하지 말고 우선 이와 같은 방법에 의해서라도 냉정하게 평가해서 가까운 장래에 대비해 두어야 하지 않을까?

민족집단의 유전자풀

변이원 문제에 대해서는 캐나다, 미국, 영국, 서독, 이탈리아 등 여러 나라가 특히 힘을 쏟기 시작하고 있다. 그리고 모두 정부가 상당히 강력한 후원을 하고 있다. 장래 유전병의 격증에 따른 경제적, 사회적 불안에 대비하려는 것이다.

선진 각국이 재빨리 이 문제에 착안해서 대책을 강구한 이유로서는 또 하나를 생각할 수 있다. 변이원이 저마다의 민족이 지닌 특유한 자질에 영향을 끼치리라는 것에 대한 두려움이다. 유전병에 대한 두려움에 앞서서 변이원이 민족 전체의 유전자에 작용해서 그 민족이 지니는 우수한 특성을 저하시키거나 국민 전체의 지능 수준을 저하시킬 가능성을 부정할 수 없기 때문이다.

민족은 저마다, 일본 사람은 일본인의, 영국 사람은 영국인 고유의 유전적 특성을 지니고 있다. 그것은 결코 외관상인 것뿐만 아니고 성격이나 민족성이라고 하는 것까지 포함된다. 오랜 세월에 걸쳐 그 지방의

그림 5-4 | 각 민족은 각각 유전자풀을 갖고 있다.

풍토에 익숙히 적응하여 유전자의 지배를 받게 되고 대대로 이어받아진 것이다. 이들 유전자는 그 민족에게 축적되어 있다고 해도 될 것이다. 그리고 이 유전자풀(pool)에 대한 영향은 집단으로서 다루어진다.

이 책에서는 지금까지 화학물질의 유전적 영향을 DNA와의 반응에 의해서 생기는 상처가 여러 경로를 거쳐서 표현된다는 점을 통해 고찰해 왔다. 그리고 DNA에 상처가 생기는 방법 등에 대해서 자세히 설명해 왔다.

그러나 민족집단에의 위험도라고 하는 거시적 문제가 되면 분자유전학의 수비 범위로서는 이미 다룰 수가 없다. 이 때문에 집단유전학이라는 학문이 대기하고 있다. 어느 집단에서 돌연변이가 생길 경우 이것을 통계적으로 처리함으로써 어떤 비율로 일어날 가능성이 있는가를 해석할 수 있다. 그러므로 변이원의 인간에 대한 위험 평가도 결국은 확률의 비교라는 것이 된다.

우리 연구실에서 염색제의 변이원성을 연구하고 있었을 때 그 결과가 신문에 보도된 일이 있었다. 당연한 일이지만 모발을 염색하는 여성들로부터 커다란 반응이 있었다. 연구실에도 몇 통이나 편지가 날아들었다. 염색약이 피부를 덧나게 하고 그 밖에도 유해성이 있다는 것을 알고 있으면서도 새치 때문에 어쩔 수 없이 사용하고 있는 사람들이 보낸 한시바삐 안전한 제품을 개발해 달라는 편지였다.

그러나 다음과 같은 편지가 날아왔을 때는 이 문제에 대한 빠져들기 쉬운 오류를 어떻게 바로잡아야 할까 하고 궁리에 빠졌었다.

『전략—저는 현재 임신 다섯 달째의 몸입니다. 지금까지는 경과가 순조롭다고 의사께서 말씀하십니다. 그런데 며칠 전 선생님께서 염색약에는 변이원성이 있어 염모를 하는 여성에게는 기형아가 생길 가능성이 있으므로 임신부는 염색제를 사용하지 않는 것이 좋다는 말씀을 듣고 도무지 불안해서 견딜 수가 없습니다. 임신중절을 하는 편이 좋을까요? 시급히 지시를 내려 주시길 바랍니다.』

이와 같은 연구의 사회적 책임을 통감하면서 나는 이렇게 답장을 썼다.

『편지 잘 보았습니다. 걱정하시는 게 당연한 일이라고 생각됩니다. 그러나 약간의 오해가 있으신 것 같다고 생각되기에 그것을 풀어드리고자 합니다.

지극히 냉정하게 말씀드려서 사람은 모두 어느 확률로 기형아를 낳을 가능성이 있습니다. 물론 양친에게 아무런 유전적 질병이 없더라도 말입니다. 이를테면 다운증후군이라고 일컫는 유전병은 600명의 임신부 중 1명꼴로 일어난다고 합니다. 이것은 당신이 가령 600명의 아기를 낳는다고 하면 그중의 하나가 이 병에 걸릴 가능성이 있다는 것을 의미합니다.

염색약과 같은 변이원이라 불리는 화학물질에 접촉함으로써 유전병이나 기형이 어느 정도로 불어나는지는 현재로는 전혀 모릅니다.

그러나 다음과 같은 비유는 들 수 있겠지요. 신생아 600명 중 1명꼴로 유전병이나 기형이 일어난다고 가정합시다. 즉 600명의 임신부의 집단 중에서 한 사람이 그 불행을 걸머졌다고 합시다. 이 집단 전원이 어떤 변이원, 가령 이것을 염색제라고 하고, 600명 전원이 머리칼을 염색하고 있었다고 한다면 그 600명 중한 사람의 불행이었던 게 두 사람이 될 가능성이 있다는 것이 됩니다.

이처럼 불행이 배로 늘어나는 셈이므로 학자로서는 중요한 일로 받아들이고 있는 셈입니다. 이것을 문제시하고 대책을 세우는 것은 당연한 일입니다. 또 적당한 수단으로 사회에 알리는 일도 중요합니다.

그러나 임신부 개개인의 입장에서 보면 원래는 600명 중 599명이 건강한 아기를 낳게 되었을 게 598명이 될는지도 모른다는 것이 됩니다. 당신은 당연히 600사람 중의 598사람 속에 속하겠지요. 걱정 마시고 출산하세요. 다만 오늘 밤부터 머리칼 염색은 하지 않는 게 좋으리라 생각합니다. 아기를 위해서라는 점도 있으나 차라리 당신 자신의 정신위생을 위해서 말입니다.』

데이터의 시스템화

환경변이원이 주목됨에 따라서 연구실도 늘어나고 미생물로부터 포유동물에 이르기까지의 각종 수준의 재료를 사용해서 세계 각국에서 연구가 행해지게 되었다. 이 수는 앞으로도 더욱 불어날 것이고 또 그래야만 할 것이다. 그리고 그 연구 결과 보고가 방대한 수에 이를 것이 틀림없다.

현재까지 보고된 변이원에 관한 정보는 세계적으로는 상당한 수에 달하고 있다. 나는 일찍이 『화학물질의 돌연변이원 검출법』이라는 책 가운데서 변이원을 망라하는 리스트의 작성을 담당한 적이 있다. 이것은 무척 힘든 일이었다. 우선 같은 실험재료를 사용했더라도 변이원성의 검출 방법이 다른 경우가 있었다.

어떤 변이원 X에 대해서 A 보고에서는 플러스로, B 보고에서는 마이너스로 나오는 예가 수두룩하게 있다. 미생물을 사용할 경우, 대장균이나 살모넬라균은 세계 공통의 것을 사용하고 있다. 이들 균주는 항공편으로 세계 어디에든지 보낼 수 있게 되어 있기 때문이다.

그러나 배양 방법이나 순서가 조금씩 틀리는 건 흔히 있는 일이다. 같은 상황의 초파리나 염색체 이상의 검사에서도 보고의 차이가 있을 수 있다. 또 대사 활성화와 같은 미묘한 실험을 하게 되면 숙련도나 기술의 차가 나타나는 경우도 있을 수 있다.

한 가지 변이원의 변이원성의 정도가 연구자에 따라서 구구하다는 것은 왕왕 있는 일이다. 그리고 의심해야 할 화학물질의 수가 엄청나게 방대하기 때문에 아무래도 여기서 정보의 교통정리가 필요해진다. 이와 같은 방대한 정보처리를 정확하게 하는 게 컴퓨터의 등장으로 가능해졌다.

미국의 도시어즈 박사는 수백 종의 변이원에 대해서 그것의 발암성의 상관관계가 세계 각국의 연구기관에서 어떻게 확인되고 있는가를 컴퓨터를 이용해 해석하고 있다. 이것은 하나의 시도다. 이처럼 정보처리공학을 활용한 정보의 시스템화가 변이원에 대해서도 필요한 시기에 이르렀다.

3. 서둘러져야 할 협력체제

환경변이원 연구회

전략의 마지막으로 필요한 것은 협력체제이다. 당신도 알았을 것이라고 생각하지만 이 환경변이원 문제는 단순히 유전학자들만으로는 처리될 수 없는 성격을 지니고 있다. 변이원이 특별한 화학구조를 가졌고 특유한 반응성이나 전자분포(電子分布)를 가질 경우, 아무래도 화학과 물리 전문가들의 지식을 빌지 않으면 안 되기 때문이다.

게다가 체내의 대사에 의한 화학물질의 변화에 대해서는 아무래도 의학자나 생화학자의 도움이 필요하다, 농약의 작용이나 분포에 관해서는 농학자, 의약품은 약학자, 환경에서의 분포나 순환에 관해서는 환경 화학이나 생태학자의 협력이 필요하다는 것은 말할 나위도 없다.

그러나 이 변이원은 인류나 민족의 장래를 가로막아서는 큰 문제인 만큼 이상과 같은 자연과학자들만으로는 어쩔 수 없는 측면을 지니고 있다. 특히 필요한 것은 기업 내의 연구자와의 이해와 협력이다. 기업 차원에서 새로운 화학물질을 개발하는 데 있어서 인류에 대한 위험을 미연에 방지한다는 의식이 요구되고 또 정보제공도 요망될 것이다.

변이원 문제의 특수성으로서 경제학자, 사회학자, 나아가서는 행정 담당자와 정치가 등에게도 협력이 기대되어야 한다. 그러나 물론 출발점은 직접 변이원을 연구하는 사람들에게서 비롯된다. 연구자들의 정보의 상호교환이야말로 매우 중요한 일이다.

이 목적을 위해서 일본에서는 1972년에 일본 환경변이원 연구회가 설립되어 해마다 한 번씩 연구발표회를 열고 있다. 여기서는 변이원의 새로운 검출 방법의 개발과 새로이 발견된 변이원이나 그것의 성질에 대한 연구가 발표된다. AF2가 도마 위에 올려진 것은 1973년의 제2회 연구발표회였고 이것은 각국으로부터 크게 주목을 끌었다.

일본에 앞서 1970년에는 미국 환경변이원 학회가 1971년에는 유럽 환경변이원 학회가 각각 설립되어 정력적인 활동을 벌이고 있다.

국제적 협력

변이원 문제가 인간에게는 어떠한지 아직 모르는 부분이 많다. 그런 한편으로는 긴급한 문제인 것도 사실이다. 그러므로 인류 전체의 영지(英知)를 모아야 할 필요가 있다. 게다가 식품, 화장품 등 주변의 것들은 세계 도처로부터 들어올 수 있는 상황이기에 화학물질의 규제 등은 단순히 한 나라에만 국한될 문제가 아니게 되었다.

그림 5-5 | 『Mutation Research』 잡지

변이원으로서의 규제도 국제적으로 보조를 맞추어 나가지 않으면 안 된다는 것이 사실이다. 국제적인 정보 교환도 중요하기에 그것을 위해 국제 환경변이원 학회가 4년마다 한

번씩 열리고 있다. 제1회는 1973년 미국 캘리포니아의 아시로마르에서 있었고, 제2회는 영국의 에든버러(Edinburgh)에서, 제3회는 일본에서 열렸다.

또 검출법이 구구해서는 적절한 평가가 불가능하다고 해서 그것의 통일적 방법도 고려되고 있다. 또 이 문제에 흥미를 보이고 있는 연구자를 위한 연수(研修) 등도 국제적 기관의 후원 아래 실시되고 있다.

1975년 캐나다의 오타와(Ottawa)에서 이 문제의 심포지엄이 열렸는데 일본에서는 내가 출석했다. 이 문제에 대한 각국의 진지한 태도에는 새삼 깊은 감명을 받았다. 이 심포지엄은 캐나다 정부의 지원으로 열린 것인데 정부 당국의 열의도 대단했었다. 이와 같은 심포지엄이나 국제회의가 각지에서 열리고 있다.

돌연변이 연구의 국제잡지『Mutation Research』도 특히 변이원에 대해서 힘을 쏟고 있다.

변이원의 인간에 대한 위험도

1. 위험도를 평가하기 위한 필요한 자료
2. 변이원과 발암물질과 최기형 물질의 상호관계
3. 변이원으로부터의 각국의 방어태세
4. 역학에 의한 변이원, 발암물질, 최기형 물질의 검출
5. 인류에 대한 위험도와 대책 (캐나다 오타와시 5월 26~28일 1975)

표 5-2 | 오타와 심포지엄의 테마

학계·산업·행정 본연의 자세

식품이나 화장품, 의약품 등 우리 주변의 물질로 변이원이라는 걸 알고 있으면서도 여전히 사용되고 있는 것이 의외로 많다. 어째서 즉각 환경에서 제거하지 못하는 것일까? 그것은 그 물질에 사회적 필요도가 있기 때문이다. 사회적 필요도와 유전독성의 위험을 저울질해서 「아니, 아직까지는 걱정 없다」라는 판단이 어디선가 내려지고 있기 때문이다.

그리고 유감스러운 일이나 유전독성이라는 단 하나만의 이유로 그 물질이 시장에서 모습을 감추어 버린 예는 아직껏 찾아볼 수 없다. 예의 AF2처럼 유전독성이 그 계기가 된 것은 있다. 그러나 이 경우도 결국은 발암성이 확인되기까지 방치되고 있었다.

앞으로 변이원의 연구가 진보됨에 따라서 사정이 달라지리라고 생각된다. 변이원의 강도에 따라서 순위 선정이 가능하게 될 것이다.

랭크 A : 곧 사용을 금해야 하는 것

랭크 B : 보다 안전한 대용품을 사용하도록 지도해야 하는 것

랭크 C : 사용량을 줄여야 하는 것

랭크 D : 사용을 하더라도 A, B, C의 처치가 곧 취해질 수 있는 태세로 할 것

표 5-3 | 변이원성의 순위 매기기

A 순위는 논의조차 할 필요가 없는 것으로써 사회적 필요도가 있건 없건 간에 환경에 나돌아서는 안 될 성질의 것이다. 우리는 이것으로 말미암은 불편쯤은 참아야 한다. AF2나 염비모노머가 이것에 해당할 것이다.

B 순위는 되도록 없애는 것이 낫다는 것으로써 같은 작용을 하는 다른 물질을 찾아내어 대용하게 하자는 의미다. 식용색소 중 몇몇은 이 순위에 속할 것이 있으며 아질산 따위도 이 순위에 포함시켜야 한다.

C 순위는 세균 등의 선별 과정에서 양성으로 되어 있으나 고등동물에서는 그 영향을 잘 알 수 없다는 것으로써 우리의 일상생활과 밀접히 관계되고 있는 것이 해당된다. 담배, 가솔린 그리고 알데히드 종류 등도 이 순위에 들어갈 것이다.

D 순위는 아직 확인되지는 않았지만 일찍부터 의혹을 받고 있는 것들이다. 이를테면 필, 사카린, 소르빈산(sorbic acid) 등이 이것에 해당한다.

시중의 제품들을 대상으로 지금까지의 급·만성독성이나 발암성에 더하여 유전독성에 대한 제품검사를 하면 산업계가 중대한 피해를 입을 가능성이 있다. 특히 식품, 의약품, 화장품 업계에서는 제품 개발 때 변이원성에 대한 어떠한 대응책에 몰리게 되리라고 생각한다.

이때 중요한 일은 학계, 산업계, 행정 본연의 자세이다. 변이원 문제는 지금까지처럼 우리 자신에 대한 독성과는 달리 장래의 독성 가능성을 논의하게 만든다. 그러므로 인류나 민족 장래 본연의 자세라는 것과 같은 냉정하고 종합적인 판단이 필요하게 된다.

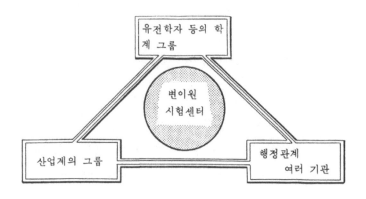

그림 5-6 | 유전독물로부터의 방어를 위한 협력체제

이때 각계의 협력체제가 이루어지지 않으면 안 된다는 것은 물론이다. 그러나 필요 이상으로 유착되어서는 안 된다. 삼자에 의해 늘 한 선을 그어두고 냉정하게 협력할 수 있느냐 없느냐 하는 데 인류의 장래가 걸려 있다. 그리고 이 판단기관의 역할을 할 삼자가 필요하다. 이 기관은 위험과 이익의 새로운 균형을 추구해야 될 것이다. 게다가 독립기관으로서의 「변이원 시험 센터」의 설립도 서둘러야 한다. 세계 각지에서는 이와 같은 기관이 현재 설립되고 있는 상황에 있다.

불안의 바다

공기에도 물에도, 식품에도, 화장품, 의류 등 신변의 도처에 변이원이 도사리고 있다. 임신부나 어머니는 문득 자식의 장래에 대해서 불안을 느끼는 때도 있을 것이다. 생물에 어떻게 작용하는지 아직도 알지 못하는 화학물질이 우리 주변에는 너무나도 많다. 인간은 바야흐로 작용을 알 수 없는 화학물질의 바다를 불안하게 헤엄치고 있다고 해도 과언이 아니다.

지구가 형성된 것은 약 45억 년 전이고, 그로부터 약 10억 년 후에는 세균과 같은 원시생명이 탄생했다. 그 후의 오랜 생물 진화 끝에 뇌가 이상하게 발달하고 두 다리로 걷는 인간이 나타났다. 그것은 지금으로부터 약 100만 년 전에 불과하다. 인간은 이 지구 위의 모든 생물 중 말하자면 가장 신참내기이다. 이 신참내기는 역사의 거의 대부분의 시대를 대자연 속에서 얌전하게 살아왔다. 나무와 돌을 소재로 하는 의류와 주거로써 추위를 견디며 나무 열매와 물고기를 잡아먹고 굶주림을 채워 왔다.

인간이 지닌 역사의 1만분의 1에 해당하는 최근 100년 동안에는 생물의 전체 역사 가운데서도 특이하다 할 만한 사태가 일어났다. 그때까지 지구에는 전혀 존재하지 않았던 인공 화학물질을 만들어 내게 된 것이다. 그리고 요 10년 사이에는 마침내 그것에 빠져서 익사 직전의 상황이 되고 말았다. 더욱이 그 속에는 유전독물이 결코 적지 않다. 오랜 인간의 역사 속에서 본다면 100년이라는 기간은 한순간에 불과하다. 그 한순간에 인류는 유전독물의 바닷속에 자기를 던져 넣어 버린 것이다.

위험과 이익의 균형

이 책에서는 몇 번이나 「위험과 이익」이라는 말을 사용해 왔다. 여기서 이 말이 지니는 뜻을 다시 한번 음미해 보기로 하자. 모든 공해 문제는 필경 「위험과 이익」의 균형에 집약될 것으로 생각한다. 사람에 따라서는 이 균형이 위험 쪽으로 기울거나 또 다른 입장인 사람에게는 이익 쪽으로 기울거나 해서 문제가 뒤얽혀 시끄러워진다.

원자력발전이 그런 전형적인 예이다. 원자력에너지를 적극적으로 이용하려는 입장의 사람은 원자력의 위험이 전혀 없는 것은 아니나 충분히 조절만 해 가면 그 위험을 훨씬 웃도는 이익이 있다는 사고방식에 선다. 또 반대 입장인 사람은 다소의 불편은 참더라도 위험 가능성이 있는 것을 추진할 수는 없다는 사고방식에 서 있다.

1975년 7월, 미국 캘리포니아에서는 이 문제에 대한 주민투표가 실시되기에 이르렀다. 이 주민투표는 결국 원자력에너지의 위험과 이익 중 어느 것을 택할 것인가를 주민의 의사에 따라 결정하자는 것이었다. 이때는 이익파가 위험파를 웃돌았다. 원자력에너지의 이익이 분명한 것은 사실이지만 한쪽의 위험에 대해서는 완전히 해명되었을까?

이미 말한 바와 같이 원자력에 수반되는 방사선에 장기간에 걸쳐 미량이나마 피복되었을 경우 생길 유전적 영향에 대해서는 아직 잘 모르고 있다. 게다가 사고 때 방사선이 대량으로 뿌려졌다고 한들 그것의 유전적 독성에 관한 데이터는 적다. 요컨대 유전적 위험도에 대해서는 무척 애매한 상태이다. 즉 현재의 우리가 받는 「이익과 위험」만으로는

그림 5-7 | 이익과 위험과의 균형

판단할 수 없는 것이다. 우리 자손의 「이익과 위험」에까지 생각을 미쳐야 할 일들이 너무도 무시되고 있는 것은 아닐까?

위험과 이익의 균형은 최종적으로 숫자로써 나타내어진다. 최대 허용량, 사용 기준, 허가 기준 농도가 각각 ~ppm이 되는 것이다. 물론 신체적 독성뿐만 아니고 유전독성도 고려하지 않으면 안 된다. 그렇게 되면 현재 행정에 사용되고 있는 기준은 모두 고쳐지지 않으면 안 될 사태를 맞이하게 될 것이다.

유전독성이 분명한 것에 대해서는 새로운 위험을 가미한 새로운 균형을 아무래도 고려하지 않으면 안 될 시기에 이르렀다. 이 때문에 앞에서 말한 학계, 산업계, 행정계로 이루어질 판정 기관은 이 점에 관해서 충분히 토론해 결정할 필요가 있을 것이다.

변이원 AF2라고 할지라도 그것에는 단백질의 부패를 막는 효과가 있기는 했다. 식품 속의 식중독균이나 무서운 보툴리누스균(botulinus)의 번식을 억제하며 AF2가 사용되었던 기간 중에는 식중독 사고가 뚝 떨어진 것도 사실이었다. AF2가 사용 금지되고 나서 1976년 8월 보

그림 5-8 | 원자력발전소에서는 폐기물 때문에 머리 아파하고 있다.

툴리누스균에 의한 사망자가 나왔다고 신문에 보도되었다. 「이익과 위험」을 어떤 균형으로 판정해 가느냐는 것이 얼마나 어려운 문제를 내포하고 있는가를 보여 주는 좋은 예이다.

현실적인 행정에서 유전독성은 대체로 사용금지의 결정적 수단이 되지 못하고 있다. 양적인 판단은 각 물질의 급성 독성량을 대상으로 하고 있으며 사용금지로 결단을 내릴 경우에는 분명한 발암성을 보여야만 했다.

유감스럽게도 세계 어디를 둘러보아도 유전독성이 확인되었다고 해서 그 이유만으로 물질의 사용이 금지되었다거나 어떠한 규제가 가해졌다는 예는 분하게도 찾아볼 수 없다. 우연히도 이들 변이원이 발암성을 수반하는 일이 많기 때문에 이런 점에서 규제 대상이 된 경우는 많다. AF2도 결국은 그랬었다.

유전독물의 위험성에 대해서는 유전학자들이 이제 겨우 지적하기 시작한 단계이다. 그러나 지금까지 말해 왔듯이 일반 시민들은 그 중요성을 더욱더 알아야 할 필요가 있고, 최종적으로는 유전독성만으로도 행정이 움직여져야 한다.

생명공학

이제 환경변이원을 둘러싼 이야기도 드디어 막바지에 다가섰다. 인류에게 있어서 지금까지 경험한 적이 없는 상황이 다가오고 있다는 것을 이해했으리라고 생각한다. 위기를 재빠르게 감지한 과학자들이 소리 높여 「방어태세를 갖추라」라고 호소하는 것이 귀에 들렸을 것이다.

방어를 위해서는 네 가지 전략이 모두 성공해야 할 필요가 있다. 그러나 그것을 통합하는 참모본부격인 학문체계를 우리는 아직 갖지 못하고 있다.

즉 인간의 생명과 인류의 이익 접점을 연구하고 통합적으로 판단하는 학문이 필요하다. 그것은 유전학만을 전공한 사람도 아니요 생화학 전문가도 아니며 사회학자나 경제학자도 아니다. 이것들을 통합한 학문이어야 한다. 자연과학, 사회과학, 인문과학을 초월하는 종합적인 과학, 종교 문제를 포함한 인류의 균형을 연구하는 학문이다.

20세기 후반을 일컬어 생명과학(life science)의 시대라고 한다. 바야흐로 분자생물학의 뿌리가 사방으로 뻗어 있다. 생명현상의 각 분야는 분자 수준으로까지 파내려지고 학문의 성과도 열매를 맺게 될 것이다.

한편 유전자 연구는 분자 수준에서 철저하게 해명되어 유전자의 재편성이 가능한 사태를 맞이하기에 이르렀다. 이것은 인간이 유전자를 자유로이 조절할 수 있다는 가능성을 의미한다. 이 컨트롤에 의해서 불치의 유전병을 원인적으로 치료할 수 있는 가능성이 트였다. 그러나 인류가 유전자를 컨트롤한다는 것의 두려움도 또한 지적되고 있다. 1975년 캘리포니아의 아시로마르에서 유전자 재편성의 윤리성이 토론되었다. 이 문제 역시 「위험과 이익」에 샌드위치처럼 된 현상이다.

그러나 지금 우리가 여기서 찾는 학문이란 단순한 기초적 현상의 해명이나 응용이 아니다. 자손의 세대까지를 전망하는 인류의 이익,

생명과 환경의 균형을 추궁하는 학문이다. 그것은 생명공학(生命工學)이라고나 불려야 할 것이리라. 생명공학은 생명과 환경의 조화를 꾀하는 학문이다.

옮긴이의 말

　학위 과정을 끝내 갈 무렵 구내 서점에서 『유전독물』이란 이 책을 발견한 이래 줄곧 모든 이에게 읽히고 싶은 충동에 사로잡혀 있다가 오늘에 와서 번역하기에 이르렀다. 우리가 급히 서둘러야 할 것이 무엇인가를 이 책은 우리에게 제시해 주고 있다.

　생명은 광에 의해 생겼고 광에 의해 멸망한다는 모순이 생명과 진화의 본질이며 탄생한 생명은 DNA의 error와 repair의 평형점을 비틀거리며 진화해 왔을 것이다.

　생명의 기본 현상은 자기복제이며 자기복제를 잃어버린 상태를 「死」라 한다. 사람을 포함한 모든 생물종은 같은 생명 원리에 의해 지배받고 있으며 돌연변이란 살아있는 개체의 유전인자(DNA)의 구조 변화를 말한다.

　1960년 이후 경제 발전과 고도성장을 위해 박차를 가한 결과 모든 생활은 날로 새롭고 편하며 풍요로워졌다. 이러한 이면에는 인공 합성 화학물질들이 수없이 합성 개발되고, 과잉 생산됨으로 인해 우리 주변에 유전독물들이 범람하기에 이르렀다. 이들이 가져다준 값진 희생의 결과는 여러분들이 매스컴을 통해 익히 들어왔을 것이다. 일본에서의 공해에 의한 중독 실태를 비롯해 3, 4년 전 우리나라의 환경오염 실태와 환경 파괴, 자연생태계 파괴 실태 등.

하루도 빠지 않고 떠들썩하던 매스컴이 요즘은 잠잠하다. 그럼, 환경오염은 없어졌을까? 아니다. 지금도 전 지구적인 규모로 진행되고 있고, 이 지구 도처에서 심화되고 있으며 해마다 더 심해지고 있다.

농약을 보더라도 해가 갈수록 그 농도가 높아지고, 농약 없이는 이제 농사를 지을 수 없게 되었다. 이 농약은 공해업소에서 쏟아지는 중금속과 함께 물에 씻겨 하천을 통해 바다로 가서 어패류에 축적된다. 이것을 우리들은 먹고 있다. 농약이 듬뿍 들어 있는 과일, 야채, 쌀, 호흡기를 통해 들어오는 오염된 공기와 오염된 물 등 우리는 하루에도 수십 종의 유전독물을 먹고 마신다.

이와 같이 식품을 먹음으로써 예측할 수 없는 생명의 위해를 받을 기회가 많아졌다. 하루에도 식품 첨가물로써 농약, 오염된 공기, 중금속, 의약품, 머리 염색약, 화장품, 식기 등을 통해 인간은 오염물에 절여진 상태로 유전독물 속에서 허우적거리고 있다. 이들의 독성 상태는 독자적일 때뿐만 아니라 유전독물끼리 손을 잡아 독성이 상승한다면 더욱 심각해진다. 특히 앞으로 태어날 자손에 대한 영향은 어떠한가? 태아세포는 이 독물에 더 예민하게 반응한다는 사실에 임산부들은 귀를 기울여야 한다. 이런 독물질은 식물(食物) 연쇄를 통해 체내에 잔류 농축되어 유전독물로 작용한다. 이러한 공해 실태는 인류 전체의 존망에 관한 문제이며 이런 위협으로부터 지키는 것이 어버이의 책임과 과학자의 양심이다.

유전독물을 위험과 이익이란 저울에 집약시켜 볼 때 현재 우리가 받는 이익과 위험만으론 판단할 수 없고 우리 자손의 이익과 위험을 생각하지 않으면 안 된다. 특히 무엇보다 앞서야 할 것은 생명의 존엄성이 어떤 목적보다 우선되어야 한다는 것이다.

공해 현실은 앞으로 10~20년 후 현대를 심판할 것이다. 이 책에서 저자는 돌연변이원의 90% 이상이 발암성 물질이라는 것과 유전독물로부터 방어를 위해 학자, 기업인, 정치인들의 협력과 더불어 오늘의 식탁에는 아프리카산 식품까지 올려지게 됨에 따라 국제적인 협력체제를 더 늦기 전에 서둘러야 한다고 강조하고 있다. 유전독물에 대한 감시는 특히 여성들이 엄중하게 해야 할 것이다.

1982. 12.

조봉금

KB210016